你无需
讨好所有人

〔美〕海莉·麦吉（Hailey Magee） 著

杨家云 译

Stop
People Pleasing
And Find Your Power

机械工业出版社
CHINA MACHINE PRESS

本书提供了一种基于行动的方法来打破讨好行为模式，它以研究和心理学为基础，用实用的方法帮助我们发现自己的声音，找到自己的力量。全书共分四个部分：在第一部分，作者介绍了我们如何发现并优先考虑自己的感受、需求、价值观、自我概念和愿望；在第二部分，作者介绍了我们如何在人际关系中尊重自己的需求，向他人提出请求，设定自我保护的界限，并重新认识自己的力量和主体能动性；在第三部分，作者介绍了我们在打破讨好行为模式时如何面对所面临的成长痛苦；在第四部分，作者展示了打破讨好行为模式将如何让我们的生活变得更美好。

Stop People Pleasing: And Find Your Power

by Hailey Magee

Copyright © 2024 by Hailey Magee

Published in agreement with Hodgman Literary LLC, through The Grayhawk Agency Ltd.

Simplified Chinese Translation Copyright © 2024 China Machine Press. This edition is authorized for sale throughout the world (excluding Hong Kong SAR, Macao SAR and Taiwan).

All rights reserved.

北京市版权局著作权合同登记　图字：01-2024-3837 号。

图书在版编目（CIP）数据

你无需讨好所有人 /（美）海莉·麦吉（Hailey Magee）著；杨家云译 . -- 北京 : 机械工业出版社，2024. 11. -- ISBN 978-7-111-77033-6

Ⅰ. B848.4-49

中国国家版本馆CIP数据核字第2024HV5350号

机械工业出版社（北京市百万庄大街22号　邮政编码100037）

策划编辑：坚喜斌　　　　责任编辑：坚喜斌　陈　洁
责任校对：肖　琳　李小宝　责任印制：刘　媛

唐山楠萍印务有限公司印刷

2025年1月第1版第1次印刷

145mm×210mm · 10印张 · 1插页 · 230千字

标准书号：ISBN 978-7-111-77033-6

定价：69.00元

电话服务　　　　　　　　网络服务

客服电话：010-88361066　机 工 官 网：www.cmpbook.com

　　　　　010-88379833　机 工 官 博：weibo.com/cmp1952

　　　　　010-68326294　金 　 书 　 网：www.golden-book.com

封底无防伪标均为盗版　机工教育服务网：www.cmpedu.com

谨以此书献给亚伦（Aaron）

是他教会我不要因为获得爱而失去自我

前　言

　　那是波士顿的八月中旬。骄阳似火，我站在繁华大街的人行道上，手上提着棕色的购物袋。我只想回到我的公寓，坐在空调前。但我此时却要努力去听绿色和平组织的募捐者讲话，十分钟前她把我拦住，告诉我北极熊的困境。

　　汗水顺着我的额头滴落，我尽力保持着十分关切的表情。我喜欢北极熊——谁不喜欢呢？但我没有时间，也没有钱。30分钟后我有个电话会议，再不走我肯定会迟到。但出于礼貌，我还是站在那里没动。我不想让这个可能再也见不到的陌生人觉得我无礼。

　　当她终于开口问道："那么，为了让我们这些毛茸茸的朋友活下来，你能捐30元钱吗？"出于无法抵挡的负疚感，我伸手去摸钱包。就在这时，我的购物袋裂开了，罐头一连串地滚落到人行道上。我连声道歉，但当我终于收好最后一个罐头时，募捐的人已经走到别人那里去了。

　　让我再给你讲一件事。

　　几周后，我去听一个音乐会，我朋友的乐队正在那个音乐会上演出。但我被困在了吧台。时间已经过去了35分钟——我每5

分钟就看一眼时间，所以我很确定这一点——而一个我不认识的人还在和我不厌其烦地说他的 12 把吉他。在最初的几分钟里，我一直很专注地听他说——我总是乐于和友好的陌生人进行简短的交谈——但到了最后，我穷尽我能想到的一切来暗示我对此不感兴趣。譬如，我瞥了一眼手机、我环顾了一下四周、我回一个字敷衍他的问题，但他还是继续说个不停。

我没有受到这个人的恐吓或威胁。无论如何，他都没有恶意。但不知怎么回事，我无法鼓起勇气说："和你聊天很愉快，但我现在要去听乐队演奏了。"

我说不出这样的话。相反，我只能等着他放我走。

过了一个月左右，我和一个在网上认识的人开始第一次约会。一见面，我就知道我们不合适。他长得和他个人资料里的照片不一样。我们几乎没有什么共同的兴趣爱好。他还经常打断我说话。吃甜点的时候，我听了一段有关股市错综复杂的长篇大论。

当约会终于结束时，我坐上优步出租车，如释重负。"啊，总算过去了。"我想。不到一小时，我却收到了一条短信："这次约会真的很有趣。我们什么时候能再见面？"

我不知道该说什么。一想到要如实地回答——"谢谢你约我！我并没有一丝心动，但我祝你幸福"——就感觉很刻薄。我根本无法拒绝。因为不知道该怎么说，所以我没有回复他。

过了三天，我又收到一条短信。他说："你知道吗，你不回我短信是相当不礼貌的。我们共进了一顿丰盛的晚餐，顺便说一下，钱是我付的。你欠我一个解释。"

我没有质疑他的权利。我也没有考虑这种交易性的观点是否与我的女权主义精神相符。我只知道，我感到内疚。于是，我没有如实地告诉他我的想法，相反，我找了个借口："真对不起，我最近一直很忙！"然后，我同意了与他进行第二次约会的请求。四次约会之后，我终于鼓起勇气跟他说再见。

在我生命的大部分时间里，讨好别人如同呼吸空气。这对我来说是如此自然，以至于我甚至找不到一个词来形容它。当有人想从我这里得到什么时——无论是家人、朋友、爱人还是陌生人——我都会给予，无论我当时内心是多么不舒服、感觉多么疲惫或者怨恨。

是否我开会迟到了，不重要；是否我错过了朋友乐队的表演，不重要；是否我再也不想见到他们，也不重要。

我曾是一名讨好型的人。我总把他人放在第一位。我说不出"不"。

恋爱期间，我听男朋友选择的音乐，与他的朋友一起出去玩，连吵架都以他的方式进行。在家庭中，我觉得照顾别人的情绪是我的责任，我对他们情绪的观察和照顾远比对自己的更尽心尽力。在朋友圈里，我努力发自内心地分享；我深信自己"无趣"，所以我更愿意做一个倾听者。在我的社区里，我被称为"总是面带微笑"的"快乐的人"，虽然这些标签是为了表扬我，但它们掩盖了一种更深层次的悲伤：一种痛苦的感觉，即没有人真正了解我，更不要说关心了。

经过多年的治疗，我开始认识到导致我成为一个讨好型的人的原因。但我不知道如何将这种认知转化为行动，从而切实打破这种循环。我每天早上写的日记中不时出现一些恼怒的问题："我怎么才能为自己发声？""我怎样才能在想说'不'的时候不再违心地说'是'？""我什么时候才能改变一下，把自己放在第一位？"在特别崩溃的一天，我用红笔愤怒地写下了这样一句夸张的话："如果我能在死前学会为自己发声，我将会死而无憾。"

我还保留着这篇日记。当我需要提醒自己已经走了多远时，我会时不时地翻看它。

在我写下这些挫败感后不久，打破讨好行为模式就成了我的个人使命。我经历了一次毁灭性的分手，与那个让我完全失去自我的伴侣分开了。在他离开的日子里，我清晰地感觉到，如果我继续把自我价值完全建立在他人的认可上，我将永远找不到满足感。我意识到——是痛苦地、突然地、发自内心地意识到——没有人会把我从对他人的讨好行为中"拯救"出来。我必须为自己的幸福负责。这不是我可以推卸给别人的责任。

在随后的几年里，我慢慢有意识地把自己与自身的情感、需求、愿望和梦想联系起来。起初，它们怯于表现——多年的忽视让它们不相信我能照顾它们——但我越是关注它们，它们就越是大声疾呼。我越是关注自己，就越能自如地为自己发声。我越是尊重自己的需求，就越觉得有必要与同样尊重我需求的人建立关系。慢慢地，我学会了设定界限的艺术和技巧，明确了在与他人的交往中我能容忍什么，不能容忍什么。

这让我获得了力量，获得了解放，也让我感到不舒服。要求别人以我需要的特定方式关心我，我感觉很尴尬；对我所爱的人设定严格的界限时，我感觉很内疚；当我与不适合我的关系渐行渐远时，我感觉很悲伤。但是，每一次成长的阵痛都伴随着一个稳定而坚定的信念，就像鼓声一样。我逐渐意识到，经过这么多年，我终于开始为自己站起来了。

当我开始感受到从未有过的自由和自信时，我确信自己也想帮别人做到这一点。我的目标就是帮助那些像我一样，准备将他们对改变的渴望转化为行动的人：采取切实可行的方法，打破讨好行为模式。

教练学（Coaching），作为一门学科，就是为此设计的。它提出并回答了问题："我最想去哪里？具体来说，如何实现？"所以我报名参加了一个由国际教练联合会认证的培训项目。一年后毕业时，我知道自己想要帮助他人打破讨好行为模式，设定自己的界限，并掌握说真话的艺术。

除了一对一的客户服务，我还开始撰写关于讨好行为的文章，并在网上分享。让我感到惊讶的是，这竟然在世界各地的人群中引起如此深刻的共鸣。我收到了来自美国、印度、也门、法国、阿富汗、新西兰、苏丹等地正在摆脱讨好行为的网友的留言。他们说："我以为只有我一个人这样苦苦挣扎。"我告诉他们："我也以为只有我一个人这样。"

每有一个新的粉丝和订阅者，我都会感到一种团结的力量：我们同舟共济。我们不是孤军奋战。

历经五年，我的著作已被数百万人阅读，我举办的关于讨好行为和设定界限的研讨会也迎来了来自世界各地的数千名参与者。《你无需讨好所有人》是我多年研究、辅导、教学以及与正在摆脱讨好行为的人进行数百次一对一谈话的心得。它提供了一种基于行动的方法来打破讨好行为模式，它以研究和心理学为基础，用实用的方法帮助你发现自己的声音，找到自己的力量。

在"第一部分：发现自我"中，你将学会如何发现——并优先考虑——你自己的感受、需求、价值观、自我概念和愿望。这些是你的五大自我基础，只有始终如一地关注它们，你才能在人际关系中自信地进行自我倡导。

在"第二部分：维护自我"中，你将学会如何在人际关系中尊重自己的需求，向他人提出请求，设定自我保护的界限，并重新认识自己的力量和主体能动性。我们还将根据不同群体的社会地位和特权程度，分析讨好行为如何对他们产生不同的影响。

第三部分：照顾自我，是伴随着我们打破讨好行为模式时面临的成长痛苦。你将学会变得勇敢并在恐惧、内疚、愤怒、孤独和悲伤方面变得有韧性；如何应对摆脱人际关系和面对困难转变的挑战；如何将这些挑战重塑为成长和转变的重大机遇。

第四部分：充实自我，展示了打破讨好行为模式将如何让你的生活变得更美好。你将学会在人际关系中如何不用压抑自己；如何在性生活中摆脱讨好行为；如何重新找回游戏的乐趣；如何以细微差别和辨别力对待你的治疗；如何从真诚和自尊的角度发现给予的快乐。

当我开始写这本书的时候，我希望能以两种关键方式扩大关于讨好行为的讨论：提供细微差别，并承认这项重要的治疗工作不可避免的成长痛苦。

随着讨好行为和自我关怀等概念逐渐成为主流，像界限这样复杂的理念常常被淡化，因为其最终会阻碍我们建立健康的人际关系。我们被告知，如果一个人没有"时刻给我们带来爱和光明"，那么我们就应该"与之划清界限"。我们被告知，如果有人与我们意见相左，我们就应该把他舍弃，以"保护我们内心的平静"。我们被告知，如果有人不能满足我们的每一个需求，我们"应该得到更好的"。

这些简单粗暴的说法忽视了"人际关系是复杂的"这一现实。它们鼓励我们去寻求一个无法达到的标准来阻碍我们的治愈，并且它们阻止我们向内审视，评估我们可能是如何促成我们自己的不快乐或无力感的。

这就是为什么本书包含了一些细微差别以帮助你打破讨好行为模式，同时也鼓励建立可持续性的、现实的人际关系。本书严肃地探讨了以下问题：善良与讨好之间的区别是什么？我们怎样才能对导致我们讨好行为的痛苦情况进行自我同情，同时承担起打破这种模式的个人责任？我们何时应该在自己的需求上妥协，何时应该坚持它们？我们如何区分何时是别人违背了我们的界限，何时是我们的付出超出了自己的承受范围，从而违背了自己的界限？

我相信，这种细微差别正是我们真正的治愈所在。同样，我认为我们必须谈论治愈中的情感细微差别：这个内在工作能赋予我们力量和释放自我，但它同时也是困难的，有时甚至是极度不舒服的。当我们打破讨好行为模式时，我们常常会害怕向他人提出请求，无论这些请求多么合理。我们常常会在设定界限后感到内疚，无论这些界限是多么必要。当我们舍弃有毒的人际关系时，我们常常会感到悲伤，无论它们对我们有多大的伤害。

当我们摆脱讨好行为时，我们会面临成长的痛苦，这不仅是正常的，也是不可避免的。如果我们不承认它们，我们就无法通过它们来抚慰自己——如果我们无法通过它们来抚慰自己，我们就更有可能打破我们的界限并再次退缩，陷入沉默。因此，本书提供了切实可行的方法，让我们在拥有自己力量的过程中，帮助我们通过恐惧、内疚、愤怒、不确定和悲伤实现自我正常化和自我安慰。

还记得多年前那个站在繁忙的波士顿街道上，在酒吧里听着那个男人说话，经历了一系列令人心碎的约会的我吗？

她永远也不会相信，有一天，我会坐在这里，在我的笔记本电脑上书写这篇前言，真真切切地感觉到我已经摆脱了讨好行为。

"太荒谬了，"她可能会这样说，"不可能的。"

但这是可能的。我在自己身上见证了这一点；我从我的数百

位客户身上见证了这一点；我从全世界成千上万的网友身上见证
了这一点，他们花时间给我发电子邮件说："我从没想过我能做到
这一点，但我做到了。"

　　这种治愈不是一次性的，它是一个不断重新致力于我们自己
的过程。每当我们将注意力重新转移到自己的感受、愿望和梦想
上时，我们就是在治愈自己。每当我们通过内疚安抚自己，而不
是对它做出反应时，我们就是在治愈自己。每当我们在曾经保持
沉默的地方发出自己的声音时，我们就是在治愈自己。

　　我要感谢那些允许我在本书中收录他们个人故事的数百位正
在摆脱讨好行为的朋友。虽然为了保护他们的隐私，姓名、年龄
和其他识别信息已经被更改，但你即将读到的小故事是来自世界
各地真实人物的真实故事。

　　我希望《你无需讨好所有人》能在你打破讨好行为模式的过
程中给予你陪伴和支持，能为你呐喊加油。这并不容易，但我可
以向你保证：它值得你为之付出百倍的努力。

目　录

1

第一部分

发现自我

第一章　了解讨好行为

　　讨好行为是一种长期将他人的需求、愿望和感受置于自己的需求、愿望和感受之上的行为。作为讨好型的人，我们很难在人际关系中为自己说话。为了得到他人的喜欢，我们的付出会超越自己的极限；我们很难设定界限；我们很难识别并离开有害的环境；我们会陷入许多只有付出却没有回报的单向关系中。通常，我们对自己的定义取决于我们能给他人带来多大的帮助、多大的作用和多大的支持。

　　虽然讨好行为表现在我们的人际关系中，但它源于我们与自己失去了联系。你可以把它视为一种自我放弃的形式。即使在没有他人的情况下，我们许多人也会不顾及自己的基本需求，贬低我们自己的情感，独处时感到不自在，与玩耍、创新、惊奇、快乐和喜悦失去联系。由于自我价值感的缺失，我们可能会追求完美、注重自我羞耻和进行自我评判，在忍受痛苦、自我安抚和情绪调节过程中挣扎，甚至可能追求强迫行为或成瘾行为以避免感受自己的情感。

　　讨好是一种行为模式，而不是一种精神疾病或诊断。对大多数人来说，这不是一个有意识的每时每刻的选择，而是一种在童年时期就被灌输的与他人互动的根深蒂固的方式。在这一章中，我们将探讨：讨好行为模式的来源；它如何影响我们的人际关系；它与善良的区别；我们如何利用这些知识打破这种模式。

讨好行为的四种原型

讨好行为模式影响所有性别、年龄、种族和收入阶层的人，但它在每个人身上的表现并不相同。有些人在工作中感到特别自信和真实，但在恋爱关系中却变得被动；有些人在与朋友交流时毫无困难地为自己发声，但在与家人相处时却很难设定界限；还有一些人觉得讨好行为影响着他们生活的每个方面，如工作、恋爱、朋友、家庭和社区。

讨好行为可能表现为以下案例中的模式。

塔尼娅（Tanya）

塔尼娅，45岁，纽约市的一名公司律师。她在法庭上非常强硬、毫不妥协，但在人际交往中，她却觉得自己无足轻重、无能为力。当她的失业伴侣以蜗牛般的速度找工作时，她虽心有怨恨却仍贴补他。每个周末，她都会长途跋涉到州北部去看望她最近丧偶的母亲，她说她的母亲"自恋又专横"。她在这座城市里有几位偶尔来往的朋友，但当朋友们把个人问题都向她倾诉时，他们的咖啡约会很快就变成了心理治疗——但他们对她的问题却丝毫不好奇。

一种责任感和怨恨充斥在塔尼娅的人际关系中。她在每一个关系中都过度给予，得到的却很少，她不知道该如何改变这种局面。

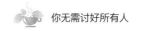

亚伦（Aaron）

亚伦，35 岁，已经订婚，但家庭的复杂情况正影响着他的婚约。他的父亲在他小时候就去世了，从那时起，亚伦就和母亲嘉达（Jada）关系非常亲近。每当嘉达需要什么，他总是迅速出现并提供帮助。她每天都会给他打好几个电话，从天气聊到最近的足球比赛，什么都聊。甚至当亚伦和未婚妻伊莎（Issa）约会时，他也会走开去接听母亲的电话。

母亲的过度介入让他感到窒息，就连伊莎也开始犹豫要不要成为亚伦和嘉达纠缠关系中的第三者。但自从父亲去世后，他就觉得自己有责任照顾好母亲的情绪。他想要拥有自己的空间，但不知道该怎么做，而且他害怕伤害母亲的感情。

莉娜（Lena）

莉娜，29 岁，出生在一个正统犹太家庭。随着年龄的增长，她对自己信仰中的某些方面感到不适——尤其是其僵化的性别角色——经过几个月的深思熟虑，她决定脱离它。

刚刚脱离正统社区的她注意到，自己的成长经历在很大程度上阻碍了她找到自我和为自己发声。在社交场合，她总是屈从于群体中的男性；在与朋友发生冲突时，她会立即变得被动和迁就。没有一个宗教社区来指导她，她不知道自己想要什么，不知道自己的梦想是什么，也不知道自己是谁。莉娜想要追随自己内心的指引，但她不知道该去哪里寻找它。

佐伊（Zoe）

佐伊，24 岁，非二元性别者，是一名活泼健谈的戏剧专业研究生。佐伊很轻松就能交到朋友；他的社交日程表上总是排满了咖啡约会、欢乐时光和周末探险。但是，尽管朋友众多，佐伊却觉得自己与外界失去了联系，从根本上说，他是被忽视的。

佐伊在很小的时候就知道，一直保持快乐是一种确保从他冷淡的父母那里得到关注的有效策略，所以成年后他也用同样的方法来交朋友。佐伊一直开朗随和，虽然他很快就交到了朋友，但友谊却从未深入发展；佐伊从不诉说遇到的困难，也从不向任何人寻求支持。他渴望与人交往，希望被人看到和了解——但他的讨好行为阻碍了他与他人建立亲密的友谊。

塔尼娅、亚伦、莉娜和佐伊可能有着不同的背景，但他们都努力为自己发声，渴望在人际关系中真实地表达自己。他们都希望明确并坚持自己的需求，设定健康的界限，并根据自己的价值观和优先事项做出决定。

打破讨好行为模式的第一步是了解它在我们的生活中的起源。这样做有助于我们发展自我意识和自我同情，因为我们学习了我们最初是如何将这种模式作为一种应对机制来保持安全的。

讨好行为模式的起源

我们养成讨好行为模式，是为了应对不支持、不安全或不可预测的环境。我们中的许多人在童年时期就学会了讨好别人，以便从忙忙碌碌、不在身边或虐待自己的看护人那里获得安全感或关爱。对于边缘化群体，如有色人种或神经多样性人群，讨好行为也可能是一种避免耻辱、骚扰或伤害的生存策略。

源于心理创伤

经历过心理创伤的人更容易形成讨好行为模式。2003 年，心理治疗师兼创伤专家皮特·沃克（Pete Walker）扩展了众所周知的"战斗、逃跑或僵住"压力反应模式，增加了第四种反应：讨好。当受到威胁时，讨好型的人会试图取悦、满足或迁就威胁方，而不是反抗、逃跑或封闭自己。

这种讨好行为模式在童年遭受虐待的人中尤为常见。沃克解释说，在童年时期，这些人很可能了解到抗议虐待会导致更严重的报复，因此他们"放弃了反抗，从他们的语言中删除了'不'，并且从未培养出健康自信的语言技能"。

如果讨好行为有助于人们在孩童时期避免伤害，那么在这种应对机制不再保护他们的安全之后，他们可能还会长期坚持采取这种行为模式。成年后，当面对引发恐惧或焦虑的情况时，他们可能会以他们认为会获得他人认可的方式行事：表现得和蔼可亲和轻松愉快，给予赞美，甚至同意参加自己不感兴趣的活动。沃克解释说，讨好型的人"通过融入他人的愿望、需求和要求来寻求安全感。他们的行为就好像他们下意识地相信，进入任何关系的代价就是放弃他们所有的需求、权利、偏好和界限"。

心理创伤还可能导致人们终身保持高度警觉，仔细观察他人情绪的微妙变化和危险信号。通常，创伤幸存者会成为解读他人情感的专家，但却难以确认自己的情感。随着时间的推移，许多人变得与自己的内心世界完全失去联系。这样一来，创伤的长期影响可能使一个人在压力下更难体会自己的感受和需求，更难说"不"，以及很难保持健康的自信。

源于养育方式

并非所有讨好行为都源于心理创伤。有时，我们会因为父母的养育方式而形成这种模式。

我们的看护人教会我们如何与世界相处。他们教导我们，我们的情感和需求是否可以被接受，我们是否值得被爱，以及在什么条件下我们才值得被爱。20 世纪 60 年代，临床心理学家戴安娜·鲍姆林德（Diana Baumrind）提出了四种不同的养育方式：放任型、忽视型、权威型和专制型。专制型和放任型的养育方式都会让孩子养成讨好行为模式。

专制型的父母惩罚性强、控制欲强，对子女抱有不切实际的高期望。尽管他们满足子女的物质需求，但很少给予关爱或情感支持。专制型的父母很少解释他们的规则，也没有妥协的余地：他们的控制是最重要的。在缺乏情感的环境中制定如此严格的规则，导致许多孩子认为获得他人认可的唯一方式是做好每一件事。他们受外部因素驱使，急切地在父母、老师和同龄人的认可中寻找自己的价值。由于害怕不被认可，他们往往长期焦虑，对自己极度挑剔。许多人成长为不能容忍犯错的完美主义者。他们一心只想满足他人的期望，却很难明确自己的感受和愿望。虽然许多人成年后勤奋工作并取得了成功，但他们往往会因为缺乏自信、内疚、抑郁、焦虑和自卑而接受心理治疗。

与之相反的是放任型父母：他们在情感上对孩子高度支持，往往不会严格设定对孩子的期望、规则和不良行为后果。一些放任型父母与孩子相处起来不像父母，更像是孩子的朋友。他们可能会过度分享自己生活的私密细节，不适当地要求孩子提供情感支持，或者在与伴侣发生冲突时将孩子视为盟友。这种角色的颠倒往往导致孩子早熟，承担了不适宜其年龄段的责任。这些孩子知道，他们得到的爱完全取决于他们能提供多少情感支持——这种心态通常在他们成年后的人际关系中普遍存在。

当子女扮演父母的支持者和知己时，他们往往很难形成自己的身份认同感。他们很容易看到父母的需求和感受，却很难确认自己的。因此，放任型父母的成年子女往往会发现自己在成年后的人际关系中扮演着救世主、帮助者、修复者或殉道者的角色。

同样，情感不成熟的看护人——那些无法调节自己情感的人——也很难识别、确认和陪伴孩子的情感。这些孩子从来不知道他们的感受和经历是有意义的，他们的内心世界得不到认可。父母情感不成熟的孩子会学会忽视自己的感受和需求，成年后往往会成为长期的倾听者、帮助者和修复者。

最后，看护人还可能以身作则来向孩子灌输讨好行为的观念。孩子会通过观察看护人来了解什么是正常行为。他们会注意到看护人的举止，以及看护人如何做决策、打发时间对待自己和自我交流。如果我们有一个唯命是从、消极被动、自我牺牲或者无法设定界限的看护人，我们可能会在长大后无意中复刻这些行为。

源于成长的成瘾环境

有时，看护人的情感局限会使他们无法给予孩子们所需的支持。然而，正在与成瘾做斗争的看护人——或被其他家庭成员的成瘾所困扰的看护人——也可能无法为他们的孩子提供足够的支持、陪伴和鼓励。

通常情况下，在存在成瘾问题的家庭中，家人们会过分关注成瘾者。家庭成员观察成瘾者的行为，敦促他们走向康复，试图安抚他们不稳定的情绪，并努力应对他们不可预测的行为带来的后果。孩子们知道照顾成瘾者是他们的首要责任，他们得不到所需的支持来确认或交流自己的基本感受和需求。

许多在成瘾环境中长大的孩子在成年后会变得极度独立、极度负责。他们认为，只要自己对他人有价值，就值得被爱。研究表明，酗酒者的成年子女倾向于认为自己要对家庭或职场发生的任何负面事件负责。就像他们小时候一样，他们觉得自己有责任管理身边的每一个人。成瘾者的成年子女甚至对自己都很陌生，他们经常让自己周围围绕着成瘾者或情绪无能的伴侣，这无意中重塑了童年时期的动态关系。

源于性别规范

家庭状态往往会种下讨好行为的种子，但性别规范也会起到重要作用。尽管20世纪社会在性别平等方面取得了重大进展，但女性仍被视为文化的守护者。女性从事以养育为中心的工作（如护理、教学和社会工作）的比例过高。在家庭中，女性每天有4小时要照顾家人和从事家务劳动，而男性只有2.5小时。心理学家马歇尔·卢森堡（Marshall Rosenberg）写道："几个世纪以来，有爱心的女性形象一直与牺牲和否认自己的需求来照顾他人联系在一起。因为女性被社会化地认为将照顾他人视为她们的天职，她们学会了忽视自己的需求。"

即使在人际交往中，女性仍被鼓励——含蓄地或明确地——将他人放在第一位。与男性相比，女性更常发现自己负责情感这一领域：这种无偿且被低估的工作包括维护人际关系、处理人们的情感，并让人们保持快乐。研究表明，女性道歉的频率远高于男性，而且更有可能将自己的行为视为冒犯或需要道歉。在表现了自信或果断时，女性甚至更有可能被称为"专横"。

如今，明确要求女性保持沉默和自我牺牲的做法已不常见，但这些规范却深深地根植于我们的文化之中。我们也许并不总是大声说出这些规范，但它们在社会对女性的期望和女性对自身的期望中继续发挥着主要作用。

　　男性面临不同的性别规范,但这些规范也会鼓励男性去压抑自己的情感、不示弱、超越自己的极限来养成讨好行为。总的来说,男性仍然被认为是坚忍的、无情的、内敛的。2019 年的一项研究发现,58% 的男性感觉他们被期望"情感上坚强、不示弱";38% 的男性避免与他人谈论自己的感受,以免显得"不够男人"。这种"不懂感情的男人"的刻板印象造成了两种痛苦的脱节。首先,许多男性因为被阻止拥有任何的感受和需求而与自己的感受和需求脱节。其次,由于从未被允许表现出脆弱,许多男性变得与他人脱节,因为如果不允许自己表现出脆弱,就很难建立亲密的、支持性的关系。

　　许多男性在工作中也感受到了超越自身极限的压力。尽管越来越多的女性加入职场,但许多男性仍然觉得有义务在家庭中扮演传统意义上的养家糊口的角色,从而证明自己的价值。很多男性为了实现这种理想,否认自己需要休息和恢复,不惜过度工作,从而导致压力增大、睡眠减少。性别规范会阻止男性释放自己的情感、建立亲密的关系、尊重自己需要休息和恢复等的需求。

源于文化

　　在一种文化中被认为是讨好行为,在另一种文化中可能是司空见惯、广为传颂的行为。归根结底,什么是健康的给予、什么是不健康的给予都是由文化决定的。

　　崇尚个人主义文化的国家,如美国、英国和南非,鼓励人们设立自我目标,而不是实现他人的目标(不过,正如我们在上一节中看到的,女性和边缘化群体仍然会因为社会压力而去克制他们自身的需求来关心他人)。个人主义文化不那么强调家庭和群体关系,而更强调自主性、个性和自我实现。因此,个人主义文化中的一些成员会感受到自由和具有主体能动性，而另一些成员则感觉到无依无靠且与他人没有联系。

与此同时，中国、韩国、日本和印度等崇尚集体主义文化的国家则鼓励成员将团体或家庭置于个人之上（许多有组织的宗教也是奉行集体主义文化的）。集体主义文化强调一致性、服从性和忠诚度，主张家庭和团体关系至关重要。因此，集体主义文化中的一些成员会感受到归属感和安全感，另一些成员则会感到受限制和束缚。

一些来自集体主义文化的人——特别是那些移民到个人主义文化的人——会因为他们的文化理想与优先考虑自己的需求、激情和梦想的个人愿望之间的矛盾而感受到这种文化冲突。

源于耻辱和压迫

对于许多边缘化群体来说，讨好别人、改变形象和隐藏真实的自我是生存之道。如果你的社会教导你，像你这样的人不值得拥有基本的关心、尊严和尊重，那么特别是对权威人士表现出恭敬，可能是保护自己免受伤害的一种方式。当针对你的身份群体的暴力和骚扰行为司空见惯时，尽可能地压抑自己和不显眼是一种生存策略。

不同的边缘化群体面临着不同的讨好行为的压力。这个话题涉及面很广，值得专门用一章来讨论，所以我们将在第十三章讨论系统性压迫如何影响个人的讨好行为模式。

安全是贯穿始终的主题

尽管讨好行为模式的起源有很多，但有一条共同的主线将它们联系在一起：追求安全。安全并不一定意味着免受身体伤害或暴力，尽管它可以。这也可能意味着更广泛的安全：

- 社会安全："我属于某个群体"或"人们认可我"。
- 情感安全："我被了解和理解""我被爱着"或"我很重要"。
- 物质安全："我的基本需求得到了满足。"

在童年时期，讨好别人可能会让我们感到安全，但现在，作为有自主能动性和独立的成年人，使用我们的声音——而不是压制它们——成为一种更有效的策略，从而确保我们在生活中得到我们想要和需要的东西。

心理学中的讨好行为

虽然讨好行为并不是一种真正意义上的心理疾病或诊断，但许多心理学流派研究了忽视自我且把他人放在首位的行为模式——并且各种形式的治疗也提供了有助于打破这种模式的干预措施。

认知行为疗法（cognitive behavioral therapy）的创始人亚伦·贝克（Aaron Beck）创造了社会性依赖（sociotropy）这个术语：这是一种人格特质，其特征是对他人认可的过度依赖和对人际关系的过度投入。在社会性依赖量表上得分较高的人感到有必要讨好别人；他们不够自信，过分关心他人；难以坚持自己的需求；害怕批评和拒绝。社会性依赖的人更有可能抑郁，而认知疗法——挑战关于自我和世界的消极思维模式——已被证明可以减轻抑郁的影响。

与此同时，鲍文家庭系统理论（the Bowen family systems theory）提倡分化（differentiation）的概念：能够知道我们在哪里结束和他人从哪里开始的能力。高度分化的人有强大而独立的自我意识，而分化程度较低的人则严重依赖周围人的认可。分化程度较低的人倾向于通过调整自己的行为来讨好别人，避免说"不"，在面对分歧时很难保持自己的观点。鲍文家庭疗法可以帮助人们提高分化水平，建立健康的界限，从而更好地处理人际关系。

依恋理论（attachment theory）也可以帮助我们理解讨好行为模式。该理论认为，我们童年时与看护人的关系会影响我们成年后与他人的相处。通常，焦虑型依恋风格（anxious attachment style）的人的需求与其看护人对他们的关注不一致。成年后，他们往往会对自己的人际关系感到不确定，渴望更深层次的亲密关系，并从伴侣那里寻求过度的安慰。更重要的是，焦虑型依恋的个体害怕被抛弃，对关系受到的威胁高度敏感。在不安和自卑的驱使下，如果焦虑型依恋的人预期会被拒绝，就会不惜一切代价避免这种状况的发生——包括牺牲自己的需求、愿望或感受。聚焦依恋的疗法可以帮助客户了解自己的依恋风格，并在他们的人际关系中调整自己的行为。

最后，成瘾领域提出了"共同依赖"（codependence）这个概念。这个概念最初在 20 世纪 80 年代普及，用以描述许多酗酒者的配偶所共有的自我牺牲特征。"共同依赖"这个词已经演变成描述任何一个——无论是否与成瘾者有关——长期忽视自我和过度优先考虑他人的人。共同依赖者往往难以确定自己的感受，避免沟通自己的需求，难以做出决定，长期处于有害的关系中，并认为他人没有能力照顾自己。"共同依赖者匿名互助"（Co-Dependents Anonymous）的十二步计划就是为了帮助人们从共同依赖中康复而创立的，许多成瘾治疗中心也提供"共同依赖康复计划"。

那些患有抑郁症、焦虑症、社交焦虑症以及各种形式的神经多样性的人也可能在与讨好行为做斗争。虽然没有关于讨好行为普遍性的具体数据，但创伤、成瘾、抑郁、焦虑、社会不公和这种模式的其他起源的普遍性表明，它影响着全世界数百万人。

尽管讨好行为是一种很常见的现象，也有很多解决这一问题的模式，但许多人仍然不愿意将自己长期过度付出或自我牺牲的行为称为讨好行为。有些人说："优先考虑他人的感受和需求听起来像是每个人都应该做的事情……对我来说，那只是善良的表现。"他们说得没错，关心他人的需要和感受是一种善良。但是，当我们在这个过程中长期忽视自己时，善良就变成了讨好。

善良与讨好

表面上看，讨好可能类似于善良。毕竟，慷慨、忠诚、同情和奉献是健康人际关系的基石。但是，讨好别人与善待别人是有区别的。

心理学家发现，善良〔他们称之为"健康的利他主义"（healthy altruism）〕和讨好〔他们称之为"病态的利他主义"（pathological altruism）〕有着完全不同的动机。对某个人来说是讨好别人的行为，对另一个人来说可能是善待他人的行为；这完全取决于你为什么要这么做，以及它是否会对你产生负面影响。

心理学家将病态的利他主义定义为"一个人愿意非理性地将他人的需求置于自己的需求之上，从而造成自我伤害"。病态的利他主义者常常为了追求他人的幸福而忽视自己。研究人员发现，他们的行为动机是希望获得他人的认可，避免被拒绝。

讨好行为的核心根源在于：

- 交易："我把这个给你，这样你就会给我一些回报。"
- 义务："我这么做是因为如果我不这么做就会感到内疚。"
- 强迫："我这么做是因为我不知道如何不这么做。"
- 损失厌恶："我这么做是因为如果我不这么做，我担心会失去你。"

对许多人来说，这种模式是基于一种隐蔽的契约或心照不宣的协议："我会为你过度付出，践踏自己的底线，而作为回报，你会让我感到被爱、被渴望、被需要。"问题是，他人从未同意过这种交易。我们可能会过度付出并迎合他人的需求，认为这样他们就有义务给予我们所渴望的爱和关注。这种交易心态会让我们的人际关系充满大量无形的债务。

在过度付出之后，讨好型的人往往会感到疲惫、沮丧和怨恨。当别人没有如我们所愿地回应我们的付出时，我们甚至会把他们妖魔化为"粗鲁""以自我为中心"或"占便宜"。因此，讨好行为往往会让我们感觉与我们想要"帮助"的人脱节。

格温（Gwen）即将搬出自己的公寓。在计划搬家的前一天晚上，她给朋友海泽尔（Hazel）发短信，问她第二天是否有空帮忙。海泽尔收到短信后立刻不知所措：她的工作期限很紧，而且第二天晚上已经和朋友们约好了。她真的没有时间帮忙，但拒绝格温又让她感到内疚，她不想失去格温对她的好感。于是，她同意了，并告诉格温她明天上午 10:00 会过来。

整个晚上，海泽尔都颇感压力并愤愤不平。她想："提前不到 24 小时向朋友提出这样的要求，实在是太苛刻了。我真不敢相信，明天我得去搬沉重的箱子，而不是在截稿日期前做点事情。"

海泽尔同意帮忙并不是出于善意，而是讨好；她同意帮忙是出于一种义务（"如果我拒绝了，我会感到内疚"）和损失厌恶（"我不想失去格温对我的好感"）。正如我们将在下一节探讨的那样，海泽尔随后产生的怨恨清楚地表明，她的付出已经超过了自己的极限。

善良和健康的利他主义

心理学家将健康的利他主义定义为"从为他人谋福利中体验到持续且相对无冲突的快乐"的能力。健康的利他主义者在满足自身需求的同时，也会采取措施改善他人的生活。在这一过程中，他们不会牺牲自己的幸福。研究表明，健康的利他主义是由对新体验和个人成长的渴望驱动的。

善行源于：

- 愿望："我想把这个给你。"
- 善意："我渴望提高你的生活质量，因为我关心你。"
- 选择："我不必这样做——我想这样做。"
- 富足："我给你这个，是因为我的足够多。"

我们出于善意而付出，是因为我们可以说"是"或"不"，并根据自己的意愿选择说"是"。我们并不一定期望得到任何回报。我们的慷慨不是由他人决定的，而是由与我们的价值观一致的行为所带来的内在满足感决定的。重要的是，我们在公开场合的行为与我们私下的感受一致。以这种方式付出后，我们可能会感到疲倦或精疲力竭，但伴随疲惫而来的通常是有关幸福、善意和联结的感觉。

格温给海泽尔发完短信后，又给她的朋友加布里埃尔（Gabriel）发短信求助。加布里埃尔查看自己的日程表以确认第二天是否有时间。目前，他唯一的计划是明天下午 3：00 和一个朋友去打篮球；他很乐意在这之前帮忙。加布里埃尔回复道："好，下午 2:45 之前我可以帮忙。我 10：00 开着卡车到！"

加布里埃尔回信后，对能帮到一位需要帮助的朋友感到很满意。他的同意是基于愿望（"我想帮助格温"）和选择（"我不必这样做——我想这样做"）。因为他愿意在自己能接受的范围内给予帮助，所以他的行为并没有对他造成负面影响。他是在表达善意，而不是讨好。

病态的利他主义和健康的利他主义的区别在于利他行为背后的动机以及利他行为对个人造成伤害的程度。心理学家斯科特·巴里·考夫曼（Scott Barry Kaufman）和伊曼纽尔·约克（Emanuel Jauk）鼓励那些寻求从病态的利他主义转变为健康的利他主义的人提高"健康自私"的水平：照顾好自己并享受生活中的小乐趣是健康的，甚至是有助于成长的。我们将在第二章讨论如何开始以这种方式照顾自己。

讨好行为是如何伤害我们的

一次讨好行为——比如在你没有时间的情况下帮朋友搬家——可能不会对你造成任何严重的伤害。但从长远来看，这些忽视自我的行为会不断累积，对我们的幸福、人际关系和未来的梦想产生负面影响。

多年的讨好行为会使我们变得对自己陌生，高度关注他人的情绪和感受且与自己的情绪和感受严重脱节。当别人问我们想要什么或梦想什么时，我们可能会感到不安，发现自己毫无头绪。我们没有设计自己的生活，反而成为一面镜子，反射出他人的愿望。

长期优先考虑他人的需求，使我们几乎没有时间或精力照顾自己，结果可能会影响我们的身心健康。我们可能会忽视自己的身体需求，不注意休息、健康饮食或看医生；忽视自己的经济需求，没钱还借给别人钱；忽视自己的情感需求，与情绪无能的伴侣和朋友建立关系。这些忽视会产生严重的负面影响。压抑自己的情绪可能导致焦虑、抑郁和压力的发生率更高。研究还表明，情感压抑会导致身体疾病，增加患心脏病、肠胃健康并发症和自身免疫性疾病的可能性。

　　当我们讨好别人时，我们就很难在人际关系中建立亲密关系。真正的亲密关系需要让他人看到我们真实的面目，而我们在讨好别人时就好像是戴着面具。我们是永远快乐和随和的人，是无论如何都说"好"的人。当我们受到伤害时，我们不会说出来，我们不会坦诚自己需要什么。虽然这些互动方式可能会在短期内减少冲突的可能，但随着时间的推移，它们不利于建立真正的亲密关系。我们越是讨好别人，就越会感到被忽视和不为人知的痛苦。

　　对许多人来说，讨好行为也会滋生怨恨。我们的怨恨源于这样一个事实，即像海泽尔一样，不愿意说出自己的底线和界限。通常，我们希望别人"就是知道"我们的需求、感受和底线，即使我们以前从未表达过。当我们承诺过多时，我们不会说"不"，而是在别人请求我们帮忙时表示同意，表面上微笑，内心却在尖叫："他们应该知道我有多忙！"当我们被别人的行为伤害时，我们不会告诉别人，而是默默忍受，心想："他们应该知道我的感受！"当我们需要帮助时，我们不去寻求帮助，而是在别人没有主动提供帮助时默默承受挫折，心想："他们应该知道我需要什么！"我们没有表达自己希望得到怎样的照顾，而是用一种无形的标准来要求我们所爱的人，当他们没有达到这个标准时，我们就会感到愤怒："他们应该知道如何照顾我！"

通过这些方式，我们将满足自己的需求和感受的责任强加给了其他人。未说出口的期望会让我们的家人、伴侣和朋友处于不公平的位置，他们没有意识到自己正在接受无法通过的测试。

不幸的是，这些行为模式往往会有连锁反应，我们可能会在不知不觉中为他人树立讨好别人的榜样。通过观察我们自己的看护人在人际关系中做出的自我牺牲和自我否定，我们许多人太清楚这种连锁反应了。无论我们是扮演父母、老板、社区领导还是其他角色，都有人仰望我们。我们通过我们的行为教导他们如何珍视自己、如何表达自己，以及在与他人的关系中应该期待和接受什么。我们不是树立讨好别人、自我牺牲和顺从的榜样，就是树立自信、自我倡导和自尊的榜样。

改变恰逢其时

如果你正在阅读这本书，你可能已经开始怀疑讨好行为的损失超过了好处。你可能已经厌倦了被视而不见、被听而不闻、与自己和他人隔绝的感觉。你可能厌倦了总是被他人的情绪、要求和愿望所左右。

你已经准备好掌控自己的人生。你已经准备好成为自己故事的主角。你想要强大、自由和自尊。你想要拥有自己的力量。

了解我们讨好行为的根源是打破这种模式的关键一步，也是第一步，但要真正改变，我们需要将知识与行动和专注的实践相结合。这就是为什么这本书以研究和心理学为基础，提供了一种基于行动的方法来打破讨好行为模式，为你提供实用的方法，让你从现在的状态到达你想要的状态。

你最深层的原因

打破讨好行为模式是一项具有挑战性但深具回报的努力。从一开始，它有助于确定你最深层的原因：你踏上这段旅程的最重要、最能触动内心的理由。如果你发现自己一路上都在与恐惧、不确定性或自我怀疑做斗争，那么其中最深层的原因就是指引你前进的"北极星"。

为了揭示最深层的原因，你可能会考虑：我想要打破这种模式的最重要的原因是什么？我最想成为什么样的自己？我想成为谁的榜样？

在我的工作室里，我曾向成千上万的人提出过这个问题，我总是被他们美妙的回答打动。他们说：

- "我想成为孩子们的榜样。我希望他们有一个受人尊敬的母亲。我的梦想是让他们知道如何为自己发声，拥有健康的人际关系，并设定健康的界限。"

- "我厌倦了像影子一样生活的感觉。我从未觉得我的生活中有什么是真正属于我的，你知道吗？我准备好改变这一切了。我想要过我自己选择的生活，而不是别人为我选择的生活。"

- "我想培养追逐梦想所需的自信和力量。我对自己想要建立的事业有一个不可思议的想法，但现在我还没有自信去实现它。我想建立自己的事业，并为自己的成就感到自豪。我想尽我所能去实现它。"

- "我来自一个有着悠久自我牺牲传统的女性家族。有些人曾遭受虐待。有些人从未鼓起勇气去追求自己的梦想。一想到我家族中的那些女性，她们的声音无人倾听，我就难受。我想打破家族中女性世代保持沉默的模式。我想要创造一种新的方式。"

导致你与恐惧、不确定性或自我怀疑做斗争的最深层次的原因是什么？在你开始这个自我发现的转变过程时，把它写下来并牢记于心。在可能出现的任何困难时刻，你都会清楚地意识到打破讨好行为模式将如何从根本上改变你和你爱的人的生活。

第二章　寻找我们的感受

　　作为讨好型的人，多年来我们总是以牺牲自己的需求、感受和愿望为代价，优先考虑他人的需求、感受和愿望，从而与自己失去联系。因此，打破这种模式的第一步不是设定界限或为自己发声，而是重新与我们自己建立联系，这样我们才能在与他人交往时提出自己的需求。毕竟，如果我们不知道自己的需求是什么，我们怎么能将其表达出来呢？如果我们不知道自己的感受，我们怎么能说出自己的真实想法呢？如果我们与本应保护的自我失去了联系，我们怎么能设定界限来保护自己呢？

　　这就是为什么本书的第一部分提供了一张路线图，帮助我们与自己的五大基础建立联系：我们的感受、需求、价值观、自我概念和愿望。在经过了多年的自我忽视之后，优先考虑这五大基础不仅能深度治愈心灵，而且能将更多的自我融入与他人的关系中。

　　感受是我们的第一基础，因为即使我们已经养成了用心智忽视它们的习惯，它们也会在我们的体内产生。它们内在的和直接的特性使它们成为我们学习内在调谐时的一个便捷起点。我们的感受就像指南针，为我们指明需求、愿望和价值观的方向；它是我们建立其余四大基础的基石。

在这一章中，我们将探讨：我们通常是如何建立情感防御机制的；讨论我们是如何利用我们的身体作为工具来识别它们的；研究我们是如何提高对负面情绪的承受能力的；探究我们是如何开展有助于重新连接个人情感的日常实践的，哪怕这样做会让我们感到奇怪或陌生。

凯莉的故事

凯莉（Kayleigh），48 岁，在我们的会谈开始时，就细说了她生活中其他人面临的困难。随着一个重要截止日期的临近，她的丈夫戴夫（Dave）工作压力很大；她的女儿凯西（Casey）难以适应大学一年级的生活；她的母亲露丝（Ruth）最近被解雇了，不再是小学教师；她的父亲保罗（Paul）正在慢慢丧失听力。

凯莉说："他们都经历了这么多，如今本该是我父母的黄金岁月，但现在他们却失业了，还与健康问题做斗争。凯西在学校真的不容易。她曾是那么兴奋地离开家，但现在她只想回来。"

我点点头，听出了凯莉语气中的同情。

我肯定地说："一下子要面对这么多困难，你是如何应对所有这些变化的？"

"哦，我很好。"凯莉不假思索地说道，像赶走一只讨厌的蚊子一样把我的问题挥开。"我担心的其实是他们。"她强调说。她巧妙地将我们的对话从令她感到不舒服的领域引向了别处。

对于凯莉来说，"我很好"是一种老调重弹。就像许多讨好型的人一样，她是"坚强的人"，是无论在什么情况下都能"处理好一切"的人。对于像凯莉这样的客户来说，当她身边的人陷入困境时，将其与自己的痛苦联系在一起会让她感到脆弱和自私。

我说："我知道你有多关心你的家人。"我想让凯莉知道我理解她。"这一次该是我们关注你的时候了。"

凯莉翻了个白眼。她以前听我说过这种话。

"我知道，我知道，"她气呼呼地说道，"只是与其他人正在经历的事情相比，我的感受真的不值一提。"

我点点头，说："这样吧，我们的会谈结束后，你可以继续关注别人的感受。但就在接下来的30分钟里，请允许你自己审视内心并问自己'当别人陷入困境时，我总是支持他们，我对此有何感受？'。"

凯莉深吸了一口气。当她回到自己情感的陌生领域时，她安静了片刻。

"嗯……你看，我不知道。我真的不确定。"她说。

我感觉到凯莉越来越沮丧了——对于讨好型的人来说，试图接触自己的情感就像是在看一个混浊的水晶球——我想让她知道这是完全正常的。

"一开始可能很难适应。不用着急，"我鼓励道，"让我们花点时间静下心来看看你所注意到的。"

凯莉又不说话了。10秒钟过去了。突然，她叫起来："我很难过！ 而且很累！"她的话音在一片寂静中响起，她似乎猛地一下被自己的话惊呆了。"我爱我的家人——很明显，我爱我的丈夫、女儿和父母——但有时这很难，因为我也很受伤。"

她继续说，语速越来越快："我害怕我的父母变老。我很难过，戴夫和我现在成了空巢老人。说实话，我感到……孤独。不是身体上的孤独——戴夫在家里陪着我——而是情感上的孤独。我想感觉有人真的和我在一起。我讨厌独自承受这一切。"

她呼出一口气。一滴眼泪顺着她的脸颊滑落。

通过允许自己向内调整，凯莉从"不知道"自己的感受到知道，并说出了好几种：伤害、恐惧、悲伤和孤独。她允许自己不再做那个为别人打点一切的人，哪怕只是暂时的。

虽然承认这些负面情绪对凯莉来说是痛苦的，但我们现在可以在余下的会谈时间里确定隐藏在这些情绪之下的需求：以情感支持抚平恐惧，以陪伴抚平孤独。会谈结束时，凯莉做出了两个承诺：一个是向戴夫倾诉她的悲伤和恐惧，这样她就不必独自承受了；另一个是给她的两个最亲密的朋友发短信，说她在接下来的几周里需要一些陪伴。

如果凯莉没有允许自己去连接自己的感受，她就无法确定自己的需求——也就无法在与所爱的人的关系中提出这些需求。

我们如何隐藏自己的感受

当涉及他人时，讨好型的人情商高，情感丰富，富有同理心；当涉及自己时，讨好型的人可能很难表达自己的情感，更不要说真正感受到它们了。在优先考虑他人感受多年后，讨好型的人需要专注地练习，如此才能回归自我。

像凯莉一样，当我们身边的人受到伤害、为一些事情挣扎或感到失望，我们的看护冲动因此被激活时，我们想要触及自己的情感可能会特别具有挑战性。我们中的许多人都在童年的类似时刻学会了优先考虑他人的感受，那时我们自身的安全取决于周围人的情绪。《情感清醒》（Emotional Sobriety）一书的作者、心理学家田代顿（Tian Dayton）解释说："担心自己父母的孩子可能会成为父母的焦虑型看护人。他们会不断观察父母的表情和情绪，寻找他们需要或想要的东西。这些孩子可能会养成一种习惯，为了建立自己内心的平静和平衡而去观察别人的情绪。这会影响自我意识的发展，因为随着时间的推移，我们的自我意识会与另一个人的自我意识交织在一起。"

作为成年人，我们中的许多人都会发现自己处于这种纠缠不清的境地，以牺牲自己的感受为代价去照顾他人的感受。有时，过度关注他人的情绪也会成为一种防御手段，使我们无法体验自己的全部情感。除了长期照顾他人的感受，我们还可能通过以下方式来回避自己的情感：喝酒、吸烟或依赖成瘾行为；一味地追求成果、成功和成就；不断观看电视、浏览播客和社交媒体；和其他人一起度过我们所有的空闲时间以避免独处。

这些习惯就像路障一样，阻止我们注意、说出和感受自己全部的情绪。我们采取这些防御措施是有充分理由的；我们中的许多人从未学会如何在负面情绪中自我安抚，有时我们会担心这些情绪将我们淹没。心理学家希拉里·麦克布莱德（Hillary McBride）在她的著作《你身体的智慧》（*The Wisdom of Your Body*）中解释说，防御机制"是我们在面对无法独自忍受或害怕深入探索的情绪体验时的一种自我保护；它们也防止我们再次体验到那些在过去因我们的感受而受到身边人或文化规范羞辱或惩罚的情绪"。

打破我们防御的第一步，就是简单地认识到我们在回避自己的感受。当我们注意到自己陷入上述习惯时，回答"我现在害怕感受到什么"这一简单问题就可以让我们对隐藏在表面之下的情感有着深刻的认识。

从身体开始

如果我们难以确认自己的情感，我们可以通过身体这个门户与它们联系。毕竟，我们的情感体验不仅发生在我们的头脑中——它还发生在我们的胸部、胃部、肩膀和腿部。

不幸的是，许多西方社会都对体现情感的智慧不太重视。在17世纪，哲学家勒内·笛卡尔（René Descartes）普及了二元论：认为心灵和身体是两个独立的实体。他认为，身体是有缺陷的，而心灵是完美的。这很快成为西方思想的一个主要观点，即我们需要用我们纯洁的、"进化的"心灵来控制我们原始的、"未进化的"身体。

今天，我们在一种最盛行的情感防御机制中看到了这种态度：理智化。当我们理智化的时候，我们会把我们的感受转化为思想，用理性、逻辑或研究来避开发生在我们身体里的情感体验。

在我二十岁出头时，我经历了一次痛苦的分手，我把悲伤理智化了，因为我不想去感受它。我制作了说明单身会更好的要点清单；我听了关于从心碎中自我治愈的科学播客；我读了无数的文章来理解我前男友的心理。我用理性和思考填满了每一个空闲时间，因为我的身体感受到了我的悲伤，它感觉这太具威胁性了。

大约在这个时候，我参加了一个团体冥想练习，希望能从心碎中找到片刻的解脱。第一场在马萨诸塞州剑桥市一座古老而令人印象深刻的教堂举行。我刚坐在垫子上，冥想导师就邀请我进行一次身体的扫描：我一个接一个慢慢地、有意识地关注自己身体的每一部分。我注意到，我的胃部痉挛、胸口发闷、喉咙发紧，犹如被老虎钳夹住。

"现在，"冥想导师问道，"如果你的身体能告诉你什么，它会说什么？"

我立刻就给出了发自内心的答案：它，痛。我突然无声地哭了起来，因为我一直理智化处理的悲伤涌上了心头。这是我几天来第一次让自己去感受自己的情绪，而不是试图让思考来分散注意力。

我很痛苦。我抱紧自己，默默地流泪。大约五分钟后，当这股强烈的情绪波动过去后，我惊讶地发现自己比几天前更安静、更平和了。

虽然将我们的情感理智化在西方世界很流行，但在其他地方却并非如此。人类学家罗伊·格林克（Roy Grinker）在他的著作《谁都不正常：文化、偏见与精神疾病的污名》（*Nobody's Normal: How Culture Created the Stigma of Mental Illness*）中解释说，西方工业社会以外的大多数人实际上首先是通过身体来体验他们情绪上的痛苦的："他们感到焦虑就会胃痛，感到悲伤和绝望就会有四肢的灼热感或刺痛感，等等。"尽管几个世纪以来，人们一直不重视身体的智慧，但我们这些生活在西方社会的人仍然能确实通过身体感受到自己的情感；只是我们必须学会倾听。2018 年，一个芬兰神经科学家团队着手了解我们的情感究竟存在于身体的哪个部位——以及这些情感特征是否对每个人都具有普遍性。他们招募了 1000 多名来自不同文化背景的参与者，并通过实验收集了他们对 100 种不同感受的体验信息。

在其中一项实验中，参与者每次考虑一种感受，然后在空白的人体轮廓图上，被要求在他们感觉最强烈的区域涂色。汇总数据后，研究团队明确得出结论，几乎每一种感受都与独特的身体感觉相关联。他们发现，当人们愤怒时，他们的胸部和上半身的感受最强烈。爱和幸福就像一股强大的洪流涌遍全身，而抑郁则与整体感受的减少有关。

有趣的是，这些情感特征在来自不同文化背景的研究参与者中都能重现，这表明，无论我们来自哪里，我们所有人在身体中体验情感的方式都相似——而且我们都能利用身体的提示来识别这些情感。

如何协调

我们可以随时调整我们感受到的情绪。我们可能会停下来，把手机放在一边，闭上眼睛，将注意力转向我们身体的内部。然后，就像我在团体冥想时所做的那样，我们可以问自己："这些感觉在向我传达什么感受？"

我们可能只需要30秒来观察：我们注意到胸口发闷吗？太阳穴有压力吗？内心舒畅吗？

幸福和爱通常表现为内心的轻盈、心胸的开阔或全身充满了活力。焦虑通常表现为胸闷、心跳加速或胃部翻腾。愤怒通常伴随着胸部紧张、颈部和肩部收缩以及手臂和腿部的能量爆发。恐惧和兴奋常常伴随着心跳加速，以及对视觉、声音和气味的高度警觉。

我们还可以反向工作，认识到自己正在感受某种特定的情绪——比如，参加完生日派对后感到快乐——然后将这种感受与身体的感觉联系起来。当我们注意到一种情绪时，希拉里·麦克布莱德鼓励我们问："是什么让你有这样的感觉？"她建议我们关注"任何突出的事物，比如温度、紧绷感、开放感或能量运动（旋转、上升、压迫、称重、起伏、下沉等）"。

随着时间的推移，我们开始注意到身体反应中的常见模式。我们可能会在与挚友共度时光后感到心情舒畅，也可能会在工作汇报前感到胸闷气短。我们可能会注意到，与某些人的相处会让我们感到温暖和舒畅，而与其他人的相处则会让我们感到紧张和疲惫。我们越关注我们的感受，就越能意识到我们的身体一直在向我们传递情绪信息，我们只需要停下来倾听。

提高我们对负面情绪的承受能力

如果我们一生都与自己的情绪脱节，那么想到自己的愤怒、悲伤、难过、怨恨或焦虑就会感到害怕，有时甚至会不知所措。我们可以通过设定时间限制、给自己一个爱的提醒、身体上的自我安抚以及向他人倾诉来提高我们对这些负面状态的承受能力。

为了阐明这些方法，我们将讲述拉瓦（Rava）的故事。36 岁的拉瓦在与她专横跋扈的母亲进行了一次漫长而疲惫的通话后挂断了电话。通常在打完这种电话之后，拉瓦会尽她所能分散自己的注意力：回复一些电子邮件、打扫房间或喝一杯葡萄酒。拉瓦会尽快地做完一件接一件的事情以免受情绪影响，一天的余下时间往往就这样混混沌沌地过去了。现在，拉瓦练习提高自己对负面情绪的承受能力。

设定时间限制

起初，长时间面对负面情绪可能会让人感到不舒服。相反，我们可以试着设置一个 2~3 分钟的计时器。舒舒服服地坐着，深呼吸，并注意身体感受到的情绪。当这些感觉出现时，大声说出这些感觉可能会有所帮助："胸口发闷""心跳加速""太阳穴紧绷"。

请记住，在这些时刻，我们的目标并不是要改变负面情绪。我们的目标只是练习与自己的情绪体验保持一致，而不是分散注意力、变得麻木或者不在意自己。

拉瓦没有去拿酒，而是深吸一口气，在手机上设置了一个5分钟的闹钟。她坐在厨房餐桌旁的椅子上，闭上眼睛，专注于自己的身体。当她回忆起与母亲的对话时，她发现胸中怒火中烧。怒火在一两分钟内熊熊燃烧，然后让位于一种更冷静、更平和的疲劳和悲伤。她注意到自己有停止这个练习的冲动，但还是温柔地鼓励自己坚持到计时器响起。

给予一个爱心提醒

当我们的负面情绪很强烈时，一个温柔的提醒会很有帮助。在愤怒、恐惧或焦虑的痛苦中，我们可以用一句令人安心的话来安抚自己："我在这里陪着你。""我不会抛弃你。""这很难，但我很坚强。""这种感觉不会永远持续下去。"

当拉瓦完成对身体感觉的观察后，她意识到自己从未静下心来体会与母亲的这些对话对自己的影响有多强烈。当她认识到自己——还有她的身体——显然正在遭受痛苦时，她觉得自己好可怜。她用爱提醒自己："这种情绪很痛苦，但我有你。我哪里也不去。"

身体上的自我安抚

一些简单的动作，比如把手放在我们急速跳动的心脏上、用手轻轻地抚摸我们的手臂或深呼吸，都可以缓解我们身体上的强烈反应。在与强烈的情绪共处后，你会发现以下运动有助于释放任何残留的能量：拉伸、跑步、散步、随着响亮的音乐跳舞，甚至像打沙袋一样击打枕头。

面对自己的情绪，拉瓦觉得自己需要释放体内的一些能量。她换了身衣服，出门去短跑了。

倾诉

正如我们将在接下来的章节中讨论的那样，倾诉负面的情绪为我们提供了一个释放的出口；它就像从气球中放气一样，降低了我们体验的强度。我们可以通过写日记、与朋友聊天或与治疗师分享来倾诉我们的负面情绪。我们可以用歌曲、舞蹈或绘画将它们转化为艺术。简单地对自己大声说出一种情绪——"我现在非常生气，我几乎无法忍受！"——可以帮助我们调节情绪，使我们不那么崩溃。

跑完步后，拉瓦决定给妹妹瑞秋（Rachel）打个电话，发泄一下与母亲通话的不快。拉瓦和瑞秋关系亲密，她知道妹妹比任何人都更能理解她的挫败感。她们简单地聊了几句，瑞秋说了几句安慰她的话和一些姐妹间的玩笑话。当拉瓦挂断电话时，她感到不那么孤独了。

做过这些之后，拉瓦对比了她通常是如何排遣自己的情绪（通过回复电子邮件或喝酒）和她今天是如何应对它们的。通常在与母亲通完电话后，她会感到心烦意乱、情绪亢奋，满腔的愤怒会持续几个小时。但今天，她发现自己的愤怒虽然突然爆发，但也平息了——她意识到，她能与自己的情绪友好相处了，而不是试图通过一系列活动来逃避它们。

通过这个过程，她正在教会自己能够承受自己的负面情绪，并对这种情绪有韧性。在接下来的章节中，我们将探讨她如何理解自己的愤怒，并利用这种理解来指导她在今后的电话中向母亲表达自己的需求、请求和界限。

关于创伤的重要说明

在没有治疗师支持的情况下，面对强烈的创伤性记忆会让你的神经系统不堪重负。我在这里建议的做法针对的是不那么强烈的负面情绪。创伤治疗师可以帮助你以缓慢、可持续的速度应对负面情绪，帮助你建立对创伤相关痛苦的承受能力。

寻找感受的练习

学习调整我们的感受是一项长期的实践，而不是一次性的目标。随着时间的推移，通过用心和反复的练习，我们会在这方面做得更好。以下是几个简单的练习，你可以将其纳入你的日常工作中以加强你与自己的感受的联系。

设置闹钟

设置一个闹钟，让它一天中响三次。每次闹钟响起时，你都要问问自己："此时此刻，我感觉如何？"如果由于某种原因，设置闹钟对你来说不可行，你可以养成每次在查看手机、打开冰箱或出门时问自己这个问题的习惯。

对于奥黛丽（Audrey）来说，这是一个繁忙的季节。工作越来越忙，她的三个孩子要参加各种课外活动，而她妹妹的术后康复也需要她的帮忙。过去，奥黛丽在这样忙碌的时候会完全想不起来自己，只关注别人的情绪和需求。但这一次，当她努力打破讨好行为模式时，她决心保持对自己情感的关注。她把闹钟设置在每天上午 10 点、下午 2 点和晚上 6 点响起。

前几次闹钟响起时，她都会被吓一跳。她通常正在做某事，突然的闹铃提醒——"此时此刻，我感觉如何？"——让她感到震惊。她满脑子都是别人的事情，以至于一开始她需要花些时间才能找到自己的情绪：紧张、不知所措、怨恨。通过承认自己的感受，她可以探究这些感受可能预示着什么需求，并采取措施满足这些需求。

奥黛丽的闹钟响的次数越多，她就能越快找到表达自己感受的语言。到了第四天，她甚至会在闹钟响起之前就预感到它的到来，并在不同的时间间隔问自己："我现在感觉怎么样？"通过这种练习，她变得更擅长承认自己的情感——这对于一个忙碌的正在摆脱讨好行为的人来说，是一个具有挑战性的壮举。

使用"你好吗？"提示

当朋友或熟人问"你好吗？"时，你可以暂停一下手中的事情并问自己："我真的好吗？"至于你是否选择与他们分享其真实的答案，取决于你自己；重要的是，你要为自己说出这个答案。

独处片刻

有时，社交场合——如与朋友在一起、参加聚会或看望家人——会激发我们讨好行为的倾向。我们被他人的情绪、问题和能量包围，很容易与自己失去联系。下次当你在社交场合时，请短暂离开——也许是到外面走走，也许是去洗手间——花点时间来调整自己的情绪。既然你独自一人，请注意你是否有在与他人相处时一直压抑或忽略的情绪。记住，你也可以用你的身体来收集有关你的感受的信息。

拉尔斯（Lars）最近刚离婚，这是他自结婚以来第一次决定在假期去看望父母。平安夜，他的父母举办了一年一度的家庭聚会，亲朋好友欢聚一堂。拉尔斯喜欢他的大家庭，但作为一个内向的人，他觉得这些大型聚会让他不知所措。当父母端出甜点时，他设法溜进儿时的卧室，轻轻地关上了身后的门。

　　经过几个小时的社交、微笑和努力不去想他离婚的事情，拉尔斯终于可以放下伪装，简单地做自己。他深吸一口气，倾听自己身体的声音，他注意到肩膀僵硬、下巴紧绷。拉尔斯轻轻地揉了揉下巴，放松那里的肌肉，然后长叹了一口气，让自己承认他为离婚感到难过，他确实想念他的前妻。

　　尽管这些情感很痛苦，但当他卸下讨好他人的面具，单纯地悲伤时，他也会感到宽慰。利用物理空间允许自己的情绪浮现是一种强有力的自我关怀行为。既然他已经触及自己的感受，他就可以倾听这些情绪可能发出的关于他此刻的需求的信息了。

第三章 发现我们的需求

　　我们的感觉就像路标，引导我们关注隐藏在内心深处的需求。幸福、平静和愉悦表明我们的需求得到了满足，而怨恨、沮丧和不知所措等负面情绪则表明我们并没有得到自己所需要的。

　　要打破讨好行为模式，我们就必须能够自在地确认和满足自己的需求。毕竟，如果我们自己都没有花时间优先考虑自己的需求，那么向他人提出这些需求的难度就会大大增加。然而，许多讨好型的人倾向于把需求看成一个不雅的词，是软弱或依赖的标志。如果童年时我们的需求没有得到看护人的认可，我们可能就会羞于启齿，躲在独立和自给自足的面纱后面。现在，我们中的许多人都以"我们需要的东西很少"为荣，宁愿关注别人的困难。我们可能会觉得，有需求会让我们变得难伺候、成为累赘或者自私的人。

　　尽管我们可能认为自己的需求并不重要，但长期忽视这些需求会对我们的身心健康造成破坏性影响。当我们对休息、食物和真诚交流的需求得不到满足时，我们就会变得不快乐、疲惫、长期倦怠，许多讨好型的人对这种状态深有体会。在极端情况下，我们的自我忽视会导致不良的卫生习惯、身体或精神疾病，甚至贫穷。忽视我们自身需求的后果可能很严重，这就是为什么需求可能是我们五大基础中最重要的。

对于讨好型的人来说，优先考虑自己的需求就是自私的想法很难动摇。如果你还需要说服自己，请记住：具有讽刺意味的是，优先考虑自己的需求能让我们成为更好的朋友、伴侣和家人。研究表明，那些践行健康的利己主义的人——那些对自己的需求、健康和幸福有着正确理解的人——与他人的关系更积极，对他人的态度更充满爱意。当我们精疲力竭时，我们会分心、沮丧、疲劳；当我们长期处于崩溃的边缘时，我们很难成为一个体贴入微的同伴。但是，当我们的需求得到满足时，我们就能正确地为自己和他人着想。学会如何优先考虑自己的需求，其实是一个双赢的局面。

在本章中，我们将讨论什么构成了需求；探索如何利用我们的感受作为媒介，指向我们的需求；解开我们忽视自身需求的五种常见方式；发现如何以新的方式与我们的需求建立联系，并为日常协调我们的需求奠定基础。

需求关乎幸福，而不仅仅是生存

我们中的许多人认为，只有当我们为了眼前的生存而需要某些东西时，它们才算得上一种需求。然而，事实上，我们的需求比这更全面。《韦氏词典》（*Merriam-Webster*）将需求定义为满足一个有机体的幸福所需的生理或心理要求。需求不仅仅是为了生存，也是为了维持身体和情感上的幸福感。

讨好型的人往往会忽视或不重视那些不紧急或不危及生命的需求。即使我们有足够的经济能力来照顾自己，我们也可能会想：

"我的背最近总是不舒服，但我真的不需要去看医生。""我的抑郁症越来越严重了，但我不需要治疗；我可以挺过去。""我很希望我的丈夫能对我做的家务表示些许感谢，但我不需要。他说他爱我，这就足够了。"

忽视我们的需求会对我们的幸福产生切实的负面影响。身体上的舒适、经济上的安全、心理上的健康以及人际关系上的互惠，都是让我们感觉良好、强大和完整的必要条件。它们不是单纯的愿望，而是必需品。当我们打破讨好行为模式时，我们就会开始相信我们不仅值得生存，也值得好好生活。

基本需求清单

所有人共有的一些基本需求，其中包括：

生理需求

- 住房
- 食物
- 净水
- 新鲜的空气
- 睡眠
- 放松
- 性接触和性表达
- 医疗保健
- 心理健康保健
- 与大地的联系

人际需求

- 社群

- 接纳
- 归属感
- 支持
- 爱
- 沟通
- 尊重
- 同理心
- 同情
- 善良
- 互惠
- 诚实
- 感谢

（我们将在第七章探讨更具体的人际需求清单。）

独立需求

- 自主性
- 自我价值
- 重要性
- 自由决策
- 生活控制感

意义需求

- 目的
- 和平
- 平衡
- 创造力
- 玩乐

- 悲伤和庆祝的时间

我建议将"基本需求清单"添加到你自己的书签中，因为我们会在接下来的章节中参考它。

跟随我们的需求路标

我们可能已经花了很多年的时间来忽视自己的需求，以至于现在我们很难确定自己的需求是什么。当我们停止讨好时，我们的工作就是从层层他人的关注下挖掘出自己的需求。随着时间的推移，这种做法会成为习惯，在这个过程中，一些策略可以帮助我们。

从身体开始

协调我们需求的最简单的方法就是从我们的生理需求开始。与依赖他人参与的关系需求不同，生理需求通常是我们自己就能满足的需求，这就使我们从生理需求入手不那么困难了。

每天，我们可能会问自己："我是冷还是过热？我需要一件毛衣或是一条毯子吗？我饿了吗？我的冰箱里有食物吗？我需要去购物吗？我口渴吗？我累吗？我需要休息吗？我的睡眠充足吗？我的身体躁动不安吗？我需要走动或散步吗？我的肩膀紧绷吗？我需要做一些拉伸或瑜伽吗？"

六个月来，阿米特（Amit）一直在照顾年迈的母亲，因为她正在与晚期帕金森病做斗争。照顾母亲需要大量的体力和精力，但阿米特很乐意这样做；对他来说，他的母亲在家中而不是在老年护理中心舒适地度过最后的几个月是很重要的。

一天，阿米特的弟弟罗翰（Rohan）到城里来替他。"你需要休息一下，"罗翰说，"去照顾自己几天吧。这里有我呢。"

阿米特同意了，收拾好行李，几个月来第一次回到自己的公寓。但进门几分钟后，他就感到心神不宁；不需要照顾母亲，他不知道自己需要什么。

他坐在扶手椅上，决定关注自己的身体。花了好几分钟，他才静下心来集中注意力，但当他这样做时，他意识到一些强烈的感觉。首先，他觉得冷：他来的时候忘了把恒温器调高。其次，他觉得饿：他都不记得上次坐下来好好吃一顿饭是什么时候了。再次，在这一切的背后，他感到了一种难以承受的疲惫：他突然意识到自己已经有好几天都睡眠不足 4 小时了。

几个月来，阿米特一直把注意力完全集中在母亲身上，当他以这种方式承认自己的需求时，他感到自我联系焕然一新。他从椅子上站起来，调高恒温器，从街上的中餐馆叫了外卖。他安慰自己说，今晚唯一的任务就是好好吃一顿饭，尽可能睡个好觉。他感觉到了自己饥饿和疲惫的严重程度，他意识到对他来说，挤出时间来尽可能地满足这些需求——即使是和母亲在一起的时候——是多么重要。

满足我们的基本生理需求看似小事一桩，但通过一次又一次地满足这些需求，我们会慢慢增强自我信任感：我们了解我们可以依靠自己从根本上照顾好自己。从这里开始，获得更深层次的需求——比如对联系和意义的需求——就显得更加可行了。

我们的感受是需求的路标

尽管令人不快，但不舒服的感受是指引我们找到未满足的需求的路标。这就是为什么学会与不舒服的感受共处如此重要：只有这样，我们才能听到它们传达的信息。

当我们面对自己不舒服的情绪时，我们可能会了解到，当我们需要更多安全感时，我们会感到焦虑；当我们渴望更多社区归属感时，我们会感到沮丧。我们可能会注意到，当我们在人际关系中没有得到回报时，我们可能会感到怨恨；当我们与内耗我们能量的人相处时，我们可能会感到疲惫。面对负面情绪，简单地问自己"我现在需要什么？"是适应我们需求的一种强有力的做法。

我们如何忽视自己的需求

一旦我们开始认识到自己的需求，我们也就开始认识到我们在哪些方面忽视了它们。在多年将就后，堂而皇之提及需求，一开始我们可能会有一些抵触情绪，这是容易理解的。我们忽视自身需求的常见方式包括：

我们为有这种需求而自责

凯莉（Kelly）和艾玛（Amma）从小学起就是朋友。凯莉经常找艾玛协调各种安排，虽然艾玛总是很乐意，但她自己却从不主动。凯莉觉得没有安全感。她需要艾玛为她们之间的关系付出努力，但她又为自己有这种需求而自责。凯莉想："艾玛总是乐于共度时光，不是吗？我不该这么敏感。"

我们认为自己"太强大"，不会有这种需求

自从六个月前大学毕业，马可（Marco）的心理健康状况一直很糟糕。他的工作要求很高，他觉得自己与大学里的朋友失去了联系，他还一直与搭档塞德里克（Cedric）吵架。马可想找心理医生谈谈，但当这个想法在他的脑海闪过时，他又自责软弱。他告诉自己："你的父母都是移民，他们从不抱怨。你已经足够强大，可以独立完成这件事。"

我们利用他人的困境来忽视自己的需求

梅尔（Mel）和丈夫约翰（John）结婚已经五年了。他们的婚姻总的来说很幸福，但有一件事梅尔无法忍受：约翰偶尔会拿她的体重开玩笑。梅尔也跟着笑，但事实上，她觉得他的玩笑让她非常难过。当她考虑向他提出这个问题时，她想到了自己的朋友，其中一个正遭遇家庭暴力，另一个苦于没有约会对象。梅尔想："至少我不用经历这些。我应该为有约翰而感到很幸运。"

我们预计我们的需求将得不到满足

罗瑞（Rory）在一家享有盛誉的营销公司工作。她的经理肯尼（Kenny）最近给她分配了一些高知名度、高收入的客户，虽然罗瑞非常兴奋能拥有这个机会，但新的任务让她每天都有问题。她希望每周能与肯尼见一次面，通过解决一些不确定的问题而从中受益，但她知道肯尼的日程安排很紧。罗瑞担心，如果她提出要求，肯尼可能没有时间——所以她继续默默地超负荷工作。

我们以"事太多"为由拒绝需求

丽娜（Leena）已经在同一张床垫上睡了十年。起初，它是舒适的，但随着时间的推移，床垫变得越来越软，她睡醒后腰酸背痛，要花一上午做拉伸来缓解疼痛。新床垫在她的预算范围之内，但一想到要做调查、去商店挑选、安排送货上门，她就摆摆手放弃了。"事儿太多了，"她想，"我就这样凑合着吧。"

我们的需求是被允许的

注意你忽视自己需求的方式。你重复了哪些关于你应得的和你必须容忍的想法？这些想法听起来熟悉吗——也许就像你童年时从看护人那里听到的想法？它们是否听起来像你从前任或朋友那里听到的想法？

很多时候，我们在不知不觉中重复着关于自己需求的过去的、消极的信息。如果我们在童年时被告知"应该处理好它"或我们"太敏感"，这些信息就会在我们判断自己时一直在脑海里盘旋。同样，如果前任每次在我们表达一个简单的需求时都说我们"反应过度"或"要求过多"，那么他们的话可能会在他们离开后很久依然有影响。

打破讨好行为模式需要我们重写这些叙述。我们的老想法会因为我们有需求而对我们进行评判、羞辱和贬低。我们的新想法将使我们的需求正常化，并庆祝我们为优先考虑它们而完成艰难且必要的工作。

我们的新想法可能包括：

- 在多年的自我忽视之后，优先考虑自己的生理和情感需求是我向自己表达关心、爱和尊重的方式。
- 我被允许需要的不仅仅是最低标准的生存所需。我被允许需要有助于我整体幸福感的东西。
- 别人的困境并不能抹杀我也有需求的事实。满足自己的需求并不意味着我忽视了他人的苦难。
- 照顾好自己会给予我所需要的能量和力量，让我以好朋友、好伴侣和好的家人的身份出现。

起初，这些新想法可能会让人感觉不舒服，或者完全不真实——但我们不一定要相信它们才能采取行动。我们可以问自己："如果我完全相信这个新想法，我会如何行动？"我们的答案为如何前进提供了指南。

正如我们将在第五章中探讨的那样，有时我们需要通过行动进入一种新的感受方式，而不是等待通过感受引导我们进入一种新的行动方式。当我们相信我们会优先考虑自己的需求时，我们残存的自我评判就会一点一点地被满足感和自尊取代。

满足需求的练习

你在练习识别自己的需求时，可以考虑将以下简单的练习融入你的日常生活：

倾听你的负面情绪

列出你在过去一周内感受到的任何负面情绪：愤怒、悲伤、沮丧、怨恨等。针对每一种情绪，看看你能否找出其背后未被满足的需求。你可以参考本章的"基本需求清单"来帮助自己。

对抗拖延症

如果你有拖延满足自己需求的习惯，请考虑一下："具体来说，我经常推迟满足哪些生理、情感或人际需求？"写下你确定的需求。

你的清单可能包括预约医生、购买家居用品、购买新鲜食品、天冷时打开暖气或购买当季服装等。从你的清单中挑选一项你经常拖延的需求，并承诺在本周优先满足它。

罗琳（Lorraine）是一家繁忙医院的护士。12 小时的轮班结束后，她筋疲力尽；她从休息室拿了些燕麦卷当晚餐，回家路上买了一瓶葡萄酒，然后穿着手术服在电视机前睡着了。在休息日，她通常会帮忙照看双胞胎妹妹的两个年幼的孩子。罗琳真诚地爱着他人，也非常善于照顾他们，但她却很难投入同样的精力来照

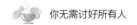

顾自己。

在过去的几个月里，罗琳感觉越来越萎靡不振和疲惫不堪。她觉得自己快崩溃了。在她的下一个休息日，她考虑了自己习惯性推迟或延迟的需求。她很少去杂货店购物，冰箱里总是空的。她过去几个月背痛越来越严重，她需要去看医生。她已经不记得上一次抽出一天时间从忙碌的一周中恢复过来是什么时候了。

刚整理好她的清单后，罗琳趁着这股势头，拿起电话打给她的医生。预约成功后，因为完成了一项一直推迟的任务，她有一种从未有过的自豪感。这种自豪感让她非常满意，激励她走到附近的杂货店，买了一堆东西把冰箱装满。

就像罗琳一样，我们也会从满足我们长期拖延的需求中受益。当我们拖延自己的需求时，我们会对自己产生一种失信感：有些事情我们需要做但我们没有做，这会让我们感到自责，讽刺的是，与我们简单地完成任务相比，这会让我们更加感到不知所措。通过花时间满足自己的一个需求，我们教会自己照顾自己，这激励我们做得更多。

识别老想法

注意是否有任何你不愿承认的需求。也许在恋爱关系中你需要更多的情感，在繁忙日程安排中你需要更多的休息，或者你需要更多的时间远离朋友和家人。对于每一个需求，问问自己："为什么我认为自己没有权利满足这个需求呢？"注意你的回答是否反映了你早年从照顾你的人那里收到的信息。然后，练习用你设计的新想法来替换这个老想法。

从孩提时代起，玛雅（Maia）就对嘈杂的声音和喧闹的环境很敏感；它们会让她感到不知所措。如今，作为一个成年人，她发现她的许多朋友都喜欢去夜店和听现场音乐会，而这两种活动她都很难喜欢。

当朋友泰莎（Tessa）建议她们周五晚上去夜店时，玛雅不敢告诉她自己需要更安静的环境。她问自己："为什么我认为自己没有权利满足这个需求呢？"

对于玛雅来说，答案是显而易见的。小时候，当父母带她去商场、热闹的餐厅或节日聚会等喧闹的地方时，她经常会哭闹。玛雅的父母非但不安抚她，反而嘲笑她"太敏感了"。她的内心已经接受了这样的想法：她的感官需求并不是真正的需求，而只是她需要改正的不受欢迎的方面。

然而现在，她正试图尊重自己的需求。她用新想法（"我被允许需要的不仅仅是最低标准的生存所需。我被允许需要有助于我整体幸福感的东西"）替代了老想法（"我是个问题，因为我很敏感"）。

玛雅深吸一口气，承认她感到紧张，并给泰莎发了一条短信："事实上，我觉得夜店太压抑了——太吵了！我们能去喝点东西吗？我很想能够聊聊天，叙叙旧。"泰莎的回复让她惊喜万分："哦，不用担心！好啊，当然可以。我们去街角的那家店吧。"

跟踪进展

在你的日记或手机中，记录下你满足特别具有挑战性的需求的时刻。例如，你可以优先安排你一直忽视的医疗或牙科预约，购买你一直需要的家居用品，或者在繁忙的日程中挤出时间休息。当你需要提醒自己的进步时，一定要回顾一下你的清单。

第四章　发掘我们的价值观

一旦我们通过尊重自己的感受和需求建立起自我关心的底线，我们就可以通过发掘自己的价值观来加深与自己的联系。如同我们的感受和需求，我们的价值观也存在于我们的内心，即使我们以前从未对它们给予过太多关注。价值观是指导我们行动的核心原则；它们可能包括忠诚、真诚、力量、自由和善良等内容。

讨好行为会阻碍我们体现我们的价值观，因为我们会不断调整自己的行为去迎合他人。我们可能会声称自己重视诚实、自信和自尊，但到了关键时刻，我们却没有坚定的信念；获得他人的认可感觉比正直行事更重要。

对于正在摆脱讨好行为的人来说，重新与我们的价值观建立联系有三个重要原因。首先，研究表明，按照我们的价值观行事能让我们与自己有更深的联系感。其次，虽然我们的感受会随着时间、心情和环境的变化而变化，但我们的价值观一直是一致的，这使它们成为指导我们决策的更可靠的方法。最后，事实证明，让我们的行为与价值观保持一致，可以使我们更容易应对压力；我们的价值观可以帮助我们渡过难关、保持动力，从而打破讨好行为模式。

最终，我们的价值观就像锚一样，即使我们的感受、环境和人际关系发生变化，也能牢牢地将我们固定在自我之中。在本章中，我们将探讨：价值观为何重要；如何区分群体价值观和个人价值观；如何发掘我们已经践行的价值观和我们希望在未来践行的价值观；价值观如何帮助我们构建未来愿景、做出艰难决策，以及如何让我们立足于自己的内心。

将我们的价值观付诸文字

我们都有价值观，但我们中的许多人在生活中并没有明确地确定它们。一个在学校担任辅导员并在周末为老人提供志愿服务的人可能看重服务和同情心；一个自主创业并独自生活的人可能看重独立、自主和个性。我们的价值观就像个人指南针上的点，说明对我们真正重要的是什么。下面列出的常见价值观将作为本章的参考点；注意其中与你产生强烈共鸣的价值观。

常见价值观

包容	挑战	合作
造诣	仁爱	勇气
责任	忠诚	创作
成就	沟通	创造性
适应性	社区	好奇心
意识	同情	果断
平衡	自信	奉献
胆识	联系	可靠性
勇敢	一致性	决心

聪明	谦逊	沉着
直率	独立	尊严
自制力	满足	存在感
驱动力	信念	尊重
效率	个人主义	宁静
同理心	创新	服务
耐力	鼓舞	简朴
能量	正直	真诚
享受	智能	技巧
热情	欢乐	独处
平等	正义	精神
毅力	善良	灵性
自由	知识	稳定
乐趣	领导力	地位
慷慨	学习	监管
优雅	逻辑	力量
感恩	爱	成功
伟大	节制	宽容
成长	激励	坚韧
幸福	开放	体谅
和谐	秩序	独特
健康	耐心	团结
诚实	和平	活力
荣誉	坚持	远见
希望	娱乐	生机

群体价值观

我们可以在群体层面和个人层面都持有价值观。当我们打破讨好行为模式时，我们可能会经历从小培养的群体价值观和目前正在发掘的个人价值观之间的一些不和谐。

国家、宗教、组织、社区甚至企业都有自己的价值观，这些价值观表明了它们的优先事项。例如，美国重视独立、解放和自由；贵格会重视简朴、和平和社区；匿名戒酒互助会重视康复、团结和服务。

家庭也有自己的价值观。有的重视幽默，有的重视信仰或勤奋，有的重视美学或完美。从我们出生在一个家庭或文化中的那一刻起，我们就将其价值观作为我们社会化到那个群体的一部分。一旦采纳，我们的价值观会随着时间的推移而相对固定。然而，它们确实会在我们的生活中发生变化，尤其是当我们经历了重大的人生事件、离开了原来的社区、停止了原有的不健康行为循环时。

发掘我们的家庭价值观

我们中的许多人多年来都在不经意间体现了家庭的价值观；它们是我们的行动、决策和理念的隐藏动力，而我们往往没有意识到这一点。现在，随着我们打造出独立的自我意识，我们开始发现自己的个人价值观实际上可能相当不同。

在有些家庭中，价值观是明确的，比如"在这个家里，我们为我们辛勤工作感到自豪"或"我们认为把自己的幸福置于别人的幸福之上是自私的"。然而，在大多数情况下，家庭价值观隐含在管理家庭的规则中：家庭成员如何度过他们的时间；哪些行为会得到表扬，哪些行为会受到惩罚；哪些特质受到推崇，哪些特质遭到摒弃；哪些故事被反复传颂以打造一个家族神话。

为了帮助你发掘家庭价值观，请回顾一下你的早年生活并思考一下：在你的家庭中，最重要的规则是什么？哪些成就得到了最大的关注和赞扬？谁是家中的"英雄"和"害群之马"？照顾你的人经常重复哪些记忆或故事？对于每一个回答，看看你能否挖掘出其中隐含的价值观。

科尔宾（Corbin）的故事

科尔宾，30岁，在离开摩门教后不久，他主动联系了我。他一生都是虔诚的摩门教徒，但他开始对这个宗教的一些严格教义产生疑问——特别是它对贞洁、节制和传统性别角色的坚持。

当科尔宾年岁渐长并开始与教会以外的人交往时，他开始发现自己自由奔放的天性。他越是接触自己的个性、开放和探索的价值观，就越觉得自己与摩门教的价值观格格不入。最终，这种紧张关系变得难以承受，他完全脱离了摩门教。

这个过程对科尔宾来说是痛苦的。脱离教会让他结束了一些友谊，他在这个他一生称之为家的社群里不再受欢迎。有几个月，他在原有联系的结束和新联系的建立之间那令人迷失的临界空间中徘徊。

不过，科尔宾采取了一些措施来好好利用这段时间。当同事们邀请他下班后出去玩时，他接受了他们的邀请。本着开放的心态，他参加了有关另类精神信仰的聚会：冥想圈和声波浴等。他甚至和不是摩门教徒的女性约会。随着个人价值观的体现，他开始慢慢地感受到一种自我联系的感觉。最重要的是，他再也感受不到假装对摩门教热情时困扰他的不真实感。

即使我们从未离开过信仰，我们中的许多人也能理解科尔宾的故事。当我们离开原来的社区、邻里或工作场所，离开家乡来到一个陌生的新城市，或者成年后离开原生家庭开始自己的生活，见证新的生活方式和思考世界的方式时，我们可能会感受到群体价值观与个人价值观之间的不和谐。

个人价值观

我们的个人价值观可分为两种：具体价值观（embodied values）和愿景价值观（aspirational values）。具体价值观是指我们已经在日常生活中经常践行的价值观。愿景价值观是我们希望在未来践行但目前缺乏的价值观。

发掘我们的具体价值观

通过审视我们自己的生活方式、习惯和人际关系，我们可以确定具体价值观。

回顾本章前面提到的"常见价值观"清单，并考虑你最常践行的6~8种价值观。为了在这一练习中帮助自己，你可以考虑：

- 你选择的职业是什么？这意味着什么价值观？教师可能重视服务、社区或同情心；音乐家可能重视创造性、真实性或自我表达；律师可能重视正义、声望或权力。
- 你如何打发空闲时间？这些活动意味着什么价值观？从事休闲运动的人可能重视娱乐、决心或乐趣；园艺工作者可能重视平衡、宁静或与大地的联系；喜欢阅读的人可能重视学习、好奇心或独处。
- 你在人际关系中表现出了哪些品质？这些品质意味着什

么价值观？充满爱心和关注的人可能重视同情心、同理心或爱；派对的灵魂人物可能重视联系、幽默或适应能力；安静、深思熟虑的人可能重视内省、理解或存在感。

- 在支付了基本开销后，你会把钱花在什么地方？这意味着什么价值观？将钱花在旅游上的人可能重视新奇、冒险或探索；购买家居装饰的人可能重视美丽或奢华；购买新技术产品的人可能重视创新、成长或生产力。

- 哪些话题最能激起你的好奇心？这些话题意味着什么价值观？对宗教感兴趣的人可能重视奉献、灵性或信仰；对外太空感兴趣的人可能重视发现、学习或冒险；对个人成长感兴趣的人可能重视自我意识、正直或平衡。

确认我们的愿景价值观

我们的愿景价值观是那些我们想要体现但尚未践行的价值观。当我们打破讨好行为模式时，我们很多人都渴望践行诸如真实性、自尊、自信、诚实和正直等价值观。

回顾一下"常见价值观"清单，并考虑一下你未来最希望践行的 6~8 种价值观。如需帮助，请考虑以下问题：

- 想象一下，许多年后，你处于生命的最后一刻，回顾自己的一生。当你回首往事时，你最希望自己是如何生活的——这意味着什么价值观？

- 思考一下你非常敬佩的两个人。具体来说，你最敬佩他们的哪一点？这些品质体现了什么价值观？

- 回想一下你曾经为了一件对你很重要的事情而甘愿陷入麻烦或被人讨厌的时候。那件重要的事情是什么？这意味着什么价值观？

价值观有助于我们构建愿景、做出决策并保持脚踏实地

一旦我们确认了自己的价值观，我们就可以利用它们来指导我们构建愿景、做出艰难决策并坚守我们治愈的承诺。

价值观指导我们构建愿景

当我们停止讨好行为时，我们就会放弃旧的模式，以全新的陌生的方式存在。有时，这感觉就像踏入未知领域。构建一个清晰的、目标明确的愿景——我们想成为什么样的人——有助于我们在这个过程中找到灵感。

我们的价值观为我们未来自我的愿景奠定了坚实的基础。从你的愿景价值观清单中选择一项，想象五年后的你完全践行了这一价值观。考虑以下问题：你的生活看起来如何？你如何打发空闲时间？你与自己的关系发生了怎样的变化？你的人际关系看起来如何？你如何处理冲突？

罗拉（Lola）是一名按摩治疗师，也是两个孩子的母亲，她渴望自尊，因此她想象了一个五年后在生活的各个方面都完全拥有自尊的自己。未来罗拉的生活自由而广阔。她明确界定了自己的工作时间，并提高了自己的收费标准以匹配她提供的价值。当丈夫发表让她不悦的评论时，她会说出来。未来的罗拉不会把所有的业余时间都花在浏览社交媒体上，而是去享受她一直不为人知的爱好——画水彩画和弹钢琴。

当你进行这个练习时，注意一下你的答案中让你感到兴奋的地方。你对这个未来的自己有什么喜爱之处？你觉得哪些方面最鼓舞人心？

价值观帮助我们做出艰难决策

我们的价值观不仅帮助我们设想未来，还帮助我们把握现在。我们的愿景价值观为我们的生活提供了路线图，在我们面临艰难抉择或不熟悉的情况时，为我们指明正确的方向。

咨询一个愿景价值观

在决定如何走出困境或处理人际交往中的难题时，选择你的一个愿景价值观，并问自己："如果我要充分践行这个价值观，我会怎么做？"你的答案可能会照亮一条你从未考虑过的前进道路。

当我第一次打破讨好行为模式时，我的朋友罗莉（Lori）举办了一个聚餐，让她的朋友们见见杰罗姆（Jerome）——她已经和杰罗姆约会六周了。我认识罗莉很多年了，很高兴能见到她的新男友。这顿饭很丰盛——每个人的菜都让人印象深刻——但我注意到，在晚餐时，杰罗姆调侃罗莉的长相，甚至批评了她做的（美味的）菜。

那晚我什么都没说，但第二天早上，我收到了罗莉的短信。内容是："你觉得杰罗姆怎么样？说实话。"聚餐结束后，我有了很大的顾虑，但我不确定是该冒着惹恼罗莉的风险说实话，还是干脆假装说不错。我考虑了正直——我一直在努力践行的愿景价值观——并问自己："我将如何以正直的方式行事？"

对我来说，正直意味着诚实、始终如一、表里如一。站在这个视角，很显然，以关爱的方式向罗莉提供诚实的反馈，才是最正直的途径。我回道："老实说，我不喜欢杰罗姆昨晚批评你的方式。这让我怀疑他是否能给予你应有的尊重。"

罗莉收到我的反馈非常感谢。事实上，她透露，她对杰罗姆也有同样的感觉，但她怀疑自己是否太敏感了。如果我不诚实并告诉她"我喜欢他"，她可能会怀疑自己的直觉。

对比两种价值观的轮盘图

或者，我们还可以考虑一个行动方案如何与多种价值观保持一致。这可能比较困难，因为不同的价值观可能会把我们引向不同的方向。我们可能会发现自己在慷慨与平衡、果敢与和谐、信念与开明之间左右为难。面对这样的情况，我们可以对比两种价值观的轮盘图，分辨出哪条路更符合我们的大多数价值观。

为了说明这一练习，我们将以德纳伊（Denae）为例：德纳伊是一位 30 岁的女性，最近她和姐姐米歇尔（Michelle）大吵了一架。从德纳伊十多岁起，米歇尔就对她的生活方式和人际关系品头论足。在多年对米歇尔的冷嘲热讽置若罔闻之后，德纳伊终于向米歇尔说出了实情，表达了她的感受，随后俩人发生了争吵。姐妹俩已经三个月没说过话了，而她们一年一度的家庭聚会就在眼前。

德纳伊不想忍受和米歇尔在一起的不适，但她又担心如果不去参加聚会，会让家人失望。她决定对比两种价值观的轮盘图，看看哪个选择最符合她的正直。

要对比两种价值观的轮盘图，请按照下列步骤操作：

1. 画一个圆，然后把它像切比萨一样分成 8 片。在每片边缘写下你的价值观。这代表决定 A。

2. 在它旁边画一个相同的圆，以同样的方式切分和写上你的价值观。这代表决定 B。

3. 从决定 A 开始。对于轮盘上的每一个价值观，问自己："从 1 到 10 的等级上（10 是最多，1 是最少），决定 A 体现了这个价值观多少？"（例如，如果你的价值观是善良，你就会问自己："从 1 到 10 的等级上，决定 A 体现了多少善良？"）

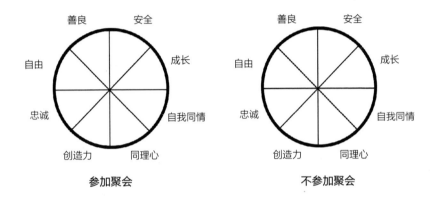

参加聚会   不参加聚会

4. 根据你的回答，从里到外给切片涂色。10 分意味着这部分将被颜色全部填满；5 分意味着这部分被填满一半。在这个例子中，善良可能得到了 9 分，但安全得到了 2 分。

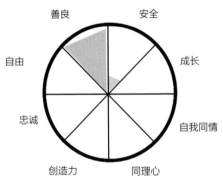

参加聚会

5. 对决定 A 中的每一片都进行上述操作。如果你看不出某
   个价值观是否适用于当前决定，就给它涂上线条。最后，
   你就可以直观地了解决定 A 在多大程度上体现了你的价
   值观。

6. 然后对决定 B 进行同样的处理。完成后，你可以比较这两
   个轮盘上的涂色情况，看看哪个决定更全面地体现了你的
   价值观。

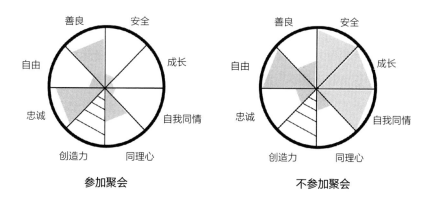

参加聚会   不参加聚会

当德纳伊审查她那两个价值观的轮盘图时，她发现不参加聚
会更符合她的大部分价值观。她给父母发了一条短信，告诉他们
不要指望她参加今年的聚会。

以价值观为锚

当我们停止过度付出并开始优先考虑自己时，我们可能会面
临恐惧、愤怒、不确定和焦虑。在这些纷乱的情绪中，我们可能
会受到诱惑，不顾自己的界限，付出超出自己能力范围的东西，
或者不惜一切代价重新获得他人的认可。在这些时刻，我们的价
值观就是我们的锚，它们将我们与治愈的承诺联系在一起。

莉恩（Leann）最近找到了一份新工作。她与朋友吉娜（Gina）设定了一个温和的界限，告诉她不能像以前那样经常聚在一起，因为她的新职位压力很大，她需要时间休息。通过设定这个界限，莉恩体现了自己诚实、平衡和正直的价值观。不幸的是，吉娜的反应很糟糕，莉恩内疚地结束了谈话。

如果莉恩只凭感觉来判断这种情景——吉娜的悲伤或她自己的内疚——她可能会得出自己做错了的结论。但负面情绪并不总是意味着我们做出了错误的选择；事实上，它们往往是我们在打破过度付出的旧模式时必要的成长的痛苦。如果莉恩根据自己的价值观来判断同样的情景，她会发现她的行为是值得尊重的。以我们的价值观为锚，有助于我们在情绪纷乱的时刻保持进步。

发掘我们价值观的练习

当你开始在日常生活中发掘自己的价值观时，不妨考虑以下一些做法：

每天回顾自己的愿景价值观

练习参考你的价值观来帮助你庆祝自己的进步。每天结束时，回顾一下你的愿景价值观清单，并问自己："今天我用什么方式体现了诚实？我用什么方式体现了勇敢？没有什么行动是微不足道的！"

重写记忆

考虑一个你最近没有践行自己愿景价值观的情况。问自己："如果我能重写这次经历，并充分践行（一个具体的价值观），我会怎么做？"写下你的答案，具体说明你会怎么做或说什么。如果你有多种方式可以处理这种情况，请随意写下多个情景。

杰西（Jessie）正在公司休息室与同事马克（Mark）和鲁迪（Rudy）吃午饭。马克开始说办公室秘书维罗妮卡（Veronika）的闲话，对她的私生活开粗俗的玩笑，并批评她的穿着打扮。杰西不自在地跟着笑；她觉得马克的评论令人反感，但又不知道该说些什么。

那天晚上，杰西对自己感到沮丧；她一直在努力践行诚信，希望自己在午餐时能做得更好。在日记中，她花了一点时间重写了这段经历：

情境1：我和马克、鲁迪坐在一起吃午饭。马克开始对维罗妮卡发表粗俗的评论。我觉得有点尴尬，但还是说："行了，马克。维罗妮卡可以穿她喜欢的衣服，过她想要的生活。对了——你们听说过新经理的事了吗？"

情境2：我和马克、鲁迪坐在一起吃午饭。马克开始对维罗妮卡发表粗俗的评论。我说："我真的不喜欢这样八卦。这让我感觉很不好。我们还是聊点别的吧。"

情境3：我和马克、鲁迪坐在一起吃午饭。马克开始对维罗妮卡发表粗俗的评论。我没有加入闲谈，而是站起来说："我去我的桌子旁吃饭。回头见。"

写完后，杰西回顾了三个情境。看到自己的选择摆在面前，对她很有帮助；看到它们被写出来，会让她觉得实施起来没那么难。杰西知道她无法改写过去，但如果将来遇到类似的情况，她感觉通过头脑风暴自己可能会更有信心应对。

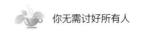

预想一个即将到来的互动

考虑一个让你感到紧张的即将发生的互动。它可能是与你老板的一次谈话，与一位难相处的家人的一次互动，也可能是一个让你感到紧张的社交场合。选择一个你希望在这种情况下践行的愿景价值观。然后花一点时间写日记："如果我要在这种情况下充分践行这个价值观，我会怎么做，并且我会说些什么？"你的回答要尽可能具体。

在内心践行你的价值观

花点时间探索如何在与自己的互动中更充分地践行一个价值观。对于我们这些打破讨好行为模式的人来说，当我们的价值观包括慷慨、同情、怜悯、善良、接纳或尊重时，这一点会特别有帮助。你可能会问："有什么具体方法可以让我在今天与自己的互动中更多地践行这个价值观？"

当我陷入讨好行为模式时，我声称自己重视同情心，但事实上，我只是在与他人的互动中践行了同情心这个价值观。对自己，我总是吹毛求疵，缺乏耐心。我会在犯错后自我批评，在已经精疲力竭的时候还逼迫自己更加努力地工作，并且因为没有更冷静、更快乐或更专注而责备自己。

当我问自己如何才能对自己表现出更大的同情心时，我决定，当我犯错时，我会尽量用对待我爱的人一样的优雅和温柔来对待自己。不久之后，我受邀做客一位朋友的播客节目。节目录制当天，我因前一天晚上没有睡好而大脑一片混沌。我努力找词，对一些重要观点的解释也很糟糕。总的来说，我的表现很一般。当我合上笔记本电脑时，习惯性地自我评判开始了："你在播客中表现得太迟钝了！你应该做得更好。听完之后，没人会愿意和你合作的！"

就在那次录音中，我和我的朋友讨论了践行我们价值观的重要性。我回想起对自己表示同情心的初衷，我没有自责，而是用对待朋友的方式对自己说："你在播客中的表现通常都很敏锐、活泼。这一次是个例外；你没睡好，你很累。没关系。没人能一直表现得完美无缺。"

这与我平时对待自己的方式大相径庭，让我大吃一惊。它并没有完全消除我的自我评判，但却大大降低了我内心批评的声音。我越是练习在犯错后以善意对待自己，它就越成为习惯，我也越是开始相信我值得自我同情。

第五章　更新自我概念

　　我们的价值观是指导我们行动的原则，而我们的自我概念则是我们对自己的认知：我们对自己的感觉、我们相信我们有能力做什么以及我们认为自己应得什么。有时，我们的自我概念是有意识的；有时，它隐藏在表面之下。我们可能认为自己太优秀或不够好；是高成就者或是懈怠者；是懒惰或是热情；是好或是坏。重要的是，我们的自我概念并不一定是事实；它是我们在童年时从看护人和其他亲密关系那里接收到的关于我们自己的信息的汇编。作为孩子，我们还不具备评估或质疑这些信息的能力，因此我们将它们内化为真理。

　　即使我们没有意识到，我们的自我概念也是强大的，因为它会影响我们决策，限制我们对可能发生的事情的认识。我们会避免采取与自我概念不符的行动：一个人认为自己是懈怠者就不会为考试学习，一个人认为自己是讨好型的人就不会设定界限或直言不讳。因此，要打破讨好行为模式，我们就必须更新自我概念，摆脱过度给予者、长期看护人和和事佬等旧身份，采用真实、自尊和值得爱等新身份。当我们开始为自己倡导时，我们不仅在学习养成新的习惯，也在学习接纳新的身份。而且，循环往复，这些新身份会让我们的新习惯变得更加容易。

在这一章中，我们将讨论：为什么我们的自我概念很重要；如何发掘自我概念；如何制订一个循序渐进的计划，在打破讨好行为模式的同时扩展我们的自我概念。

为什么自我概念很重要

根据心理学家雷蒙德·伯格纳（Raymond Bergner）和詹姆斯·霍尔姆斯（James Holmes）所说，我们的自我概念主要通过三种方式影响我们：

1. **它限制了我们的行为。**例如，如果我们认为自己不可爱，我们将以反映我们自己感知到的不可爱的方式行动。

2. **它让某些行为变得不可思议，**因为这些事是我们永远不会或永远不可能做的。例如，"我永远不会离开这段感情。" "我永远没有勇气自我保护。"

3. **它是我们看待世界的视角。**例如，如果我们认为自己不可爱，我们就会把分手理解为我们不可爱的证据，或者拒绝爱情的追求，认为"太好了，不可能是真的"。

一个稳定的自我概念——换句话说，稳定而一致的关于我们是谁的感觉——对我们在这个世界上的运作至关重要。事实上，由于我们对一致性的内在需求，我们会在潜意识中抵制自我概念的改变。由于这种对一致性的内在需求，我们倾向于希望别人以我们看待自己的方式来看待我们，即使是在我们对自己有负面看法的领域也是如此。举例说明：如果你认为自己不可爱，你就可能——有意或无意地——寻找一个对你有类似感觉并加强你

这种自我概念的伴侣。这种现象被称为自我验证理论（the self-verification theory）：我们构建关于自己的现实，使之符合我们对自身以及世界运作方式的理念。

创建更积极的自我概念有很多好处。它能增进我们与自己的关系，扩大我们可以采取的行动，并提供一个更加自爱的视角来看待这个世界。当我们对自己有更积极的感觉时，我们也能接受他人的关心、爱护和尊重。

更新自我概念的五大步骤

当我们打破讨好行为模式时，我们就更新了自我概念。我们不再是过度给予者或好说话的人。我们是边界设定者。我们自尊自爱。我们果断、自信、强大。

幸运的是，我们的自我概念是可塑的；随着时间的推移，我们可以有意识地更新自我概念，并逐步改变我们的行为。我们可以通过以下方式更新自我概念：

1. 收集变化的证据。
2. 确认现有的消极想法。
3. 阐明积极的替代想法。
4. 找到支持这些替代想法的数据。
5. 采取行动适应新的自我概念。

为了说明这些步骤，我们将以 45 岁的切尔西（Chelsea）为例。从她记事起，她就是一个讨好型的人。她在一个有着易怒父亲的不稳定的家庭中长大，她知道保持安静和不挑事是保证自己安全的法宝。她嫁给了一个名叫布莱恩（Brian）的控制欲很强的男人，成年后的大部分时间都是跟他一起，六个月前她离开了他。切尔西感到羞愧的是，她竟然在这段婚姻中待了那么久。她迫切希望成为自己的最佳倡导者，但又担心自己注定永远是一个讨好型的人。

步骤 1：收集变化的证据

研究表明，更新自我概念的最重要的前提就是愿意相信自己能够改变。如果我们几十年来一直扮演着看护人或好说话的人的角色，那么相信自己有能力以新的方式行动就会很有挑战性；变得更加自信可能会让我们感觉与现在的状态相去甚远。好消息是，当我们努力相信自己可以改变时，我们并不需要将这种理念神奇地变为现实：我们可以相信我们的生活经验所提供的证据。

如果你正在阅读这本书，毫无疑问，你已经经历了人生中的重大变化。你经历过艰难困苦，做出过艰难但重要的决定，经受过具有挑战性的损失，改变过生活方式，或者打破了旧习惯。尽管有这些挑战，你仍然在这里，读着这些文字，向前迈进。

底线是什么？你已经有证据表明，你有能力做出重要改变。

回顾你的过去，写下你随着时间的推移发生积极变化的方式。这些改变不一定非要与讨好行为有关。你可以记下自己是否打破了一个旧习惯，摆脱了一个旧瘾或冲动，离开了有害的关系，改变了自己的生活方式（例如，你的饮食习惯或消费方式），经历了像搬到一座新城市、融入一个新社区或开始一份新工作的转变，在家庭或公司中承担了一个新角色，或者调整了自己在这个世界上的表现方式（例如，变得更加慷慨、自信或真实）。

切尔西思考着自己一生中的变化。最明显的是，她在六个月前离开了丈夫，这是多年前她确信自己永远无法做到的事情。她还经历了职业变化：在她的公司，她从助理晋升为项目经理，然后又从项目经理晋升为助理总监。她越是反思，就越能想到更多的变化：21 岁时，她不再咬指甲，这是她从小就有的习惯；毕业后，她搬到了一座新的城市。

切尔西通常不会从这种宏观的视角来思考自己的生活，但当她审查自己写下的变化时，她感到了一种全新的自豪感。事实上，她已经经历了很多；她以前也经历过艰难的变化。

和切尔西一样，当你对自己的改变能力感到悲观时，可以参考这些记忆。记住你做出这些改变之前和之后的生活是什么样的。记住错误是如何开始又是怎样结束的；记住这改变需要的时间；记住，最终，你成功了。当批评的声音说"你永远不可能改变"时，用这些证据自信地反驳它。

步骤 2：确认现有的消极想法

我们要更新自我概念，就必须首先意识到我们目前持有的消极想法。当你考虑打破讨好行为模式时，什么样的自我怀疑可能会阻碍你？这些可能包括对自己性格的判断、对自己改变能力的怀疑，或者对自己职业道德的担忧。

写下你发现的任何自我怀疑或判断理念。这些提示可以有助于你填补空白："我太……，以至于无法打破讨好行为模式。""我不够……，不足以打破讨好行为模式。""我永远无法……""我太……，以至于无法改变。"

一旦确定了这些态度，我们就可以按照我们喜欢的方式改写它们。

切尔西思考着她对自己的判断，并写了下来："我是个好说话的人。我永远不能为自己发声。我太在意别人的看法，以至于无法把自己放在第一位。"

步骤 3 和步骤 4：
阐明积极的替代想法并找到支持它们的数据

对于你在上一节中列出的每个消极想法，确认积极的替代想法。例如，"我很无趣"变成"我很有趣"。你不需要马上相信这些积极的替代想法，只需把它们写下来，这样你就能清楚地看到它们。

例如：

消极想法	积极想法
我是一个糟糕的朋友	我是一个好朋友
在内心深处，我是一个坏人	在内心深处，我是一个好人
我被自己的创伤支配	我能够自我安抚，帮助自己获得安全感
我不够坚强，无法改变	我足够坚强，可以去改变
我不够自信，无法自我保护	我足够自信，可以自我保护

切尔西考虑了她的想法，并提出了这些积极的替代想法：

消极想法	积极想法
我是个好说话的人	我很有主见
我从不为自己发声	我可以，也确实为自己发声
我太在意别人的看法，而不会把自己放在第一位	别人的意见不能左右我的生活和决定

对切尔西来说，这些积极的想法难以说出口。它们感觉如此遥远，如此不真实，以至于她抗拒把它们写在日记里。

虽然这种抵触情绪对我们中的许多人来说很常见，但很可能有许多时刻我们已经体现了这些积极想法，只是我们不记得而已。这是因为我们的大脑使用了三种方法——选择性注意、选择性记忆和选择性解释——来忽略那些会挑战我们自我概念的证据。例如，如果我认为自己是个糟糕的学生，那么当老师责备我上课讲话时，我就会注意听；但当老师表扬我回答问题正确时，我就会忽略（选择性注意）。我会记住我有两次未完成作业，而不是记住我整个课程得了 A 的事实（选择性记忆）。当教授表扬我在课堂上的表现时，我也可能会认为她"只是出于好意"（选择性解释）。

为了抵制我们只回忆消极想法的习惯，社会心理学家黑泽尔·马库斯（Hazel Markus）和埃利萨·沃夫（Elissa Wurf）建议收集经验证据：具体的记忆，即我们在过去展现积极想法的时刻。

收集证据

切尔西努力让自己相信她"可以，而且确实为自己发声"的新想法，她努力回忆自己在不同场合发声的情境：在工作中、与朋友在一起、与家人在一起、在地铁上、与邮递员在一起。没有任何记忆是微不足道的。

切尔西的证据可能包括告诉服务员上错了她点的咖啡，或者纠正了念错她名字的人。或许，她对自己 5 岁时在操场上自我保护的情景记忆犹新。即使是陈年往事也不要紧，它也会成为证据。

在这个阶段，我们中的一些人可能会觉得自己没有任何体现积极的替代想法的记忆。这通常是由于上文所述的选择性记忆防御机制：我们倾向于不去回忆那些与我们原有的自我概念不一致的事例。因此，从可信赖的所爱的人那里获得反馈会有所帮助，因为他们的看法更客观。我们可以给好友或家人发短信，问他们："嘿，你们还记得——无论多么微不足道——我自信地做事或以某种方式维护自我的时刻吗？"

我们可能也会发现一些积极的记忆，但是我们很想把它们作为侥幸、意外，或者是当作我们无法控制的情况而一笔勾销。但不管是不是侥幸，不管是不是只发生过一次，不管我们那时做到了而现在却难以相信自己能做到，这些证据都证明，这些新的存在方式不是"我们永远做不到的事情"，而是我们已经做到的事情。

切尔西坐在她的日记本前，思绪回到了从前，寻找她能找到的任何有关自我倡导的记忆。虽然花了一段时间，但她最终还是列出了下面这份清单："我花了一段时间，但最终还是离开了布莱恩。三年级时，我告诉班上的恶霸，说她对我最好的朋友很刻薄。去年，我订购的首饰一周后就出问题了，我要求退款。今年年初，当我的老板问我的工作量是否太多时，我说了'是的'。"

切尔西回顾了她的清单。她很满意，但希望清单能更长一些，于是她给妹妹安娜丽丝（Annalise）发了短信，问她是否有什么回忆要补充。安娜丽丝回复说："是的，我有一些……高中的时候，我在爸爸规定的时间后回家，你站出来为我说话那次，怎么样？那天晚上他很可怕，但你保护了我……自从你和布莱恩分手后，你还拒绝了别人的约会。我会想到更多的。"

切尔西完全忘记了安娜丽丝所说的那个晚上，她把它添加到了自己的清单中。她从未想过拒绝约会是一种维护自我的方式，但她意识到安娜丽丝是对的；她本可以轻松地说"好"去讨好来找她约会的人。她把这一点也加入了她的清单。

就像切尔西一样，我们应该尽可能记下每一个回忆。通过参考这些数据，无论有多少，我们都会给自己提供所需的证据，让自己相信自己有能力做出这些积极的事情。我们可以再做一次，因为我们曾经做过。

步骤5：采取行动适应新的自我概念

既然我们已经确定了自己的积极想法，并为自己肯定了它们的可能性，那么是时候在自己的生活中融入这种新的方式了。在辩证行为疗法（DBT）中，一个关键的应对技巧就是采取相反的行动：选择去做与我们负面情绪让我们做的相反的事情。例如，当我们感到羞愧时，我们通常会自我隔离或残忍地对待自己——因此，采取相反的行动可以是与朋友联系、洗个泡泡浴或为自己做一顿美味的饭菜。相反的行动是一种我们可以用来实践我们新的、积极的想法的方式。

首先，识别消极行动

首先，我们可以反思一下，当我们相信自己的消极想法是真实的时候，我们是如何做的。例如，当我认为自己无趣时，我就不会在聚会或派对上说话；当我认为自己是一个糟糕的朋友时，我就不回朋友的短信或电话；当我内心深处相信我是一个坏人时，我就会不断地努力证明自己足够好。显而易见，我们的消极行为只是在强化我们现有的消极理念。

切尔西评估了自己的消极想法和相应的行动。她写道："当我认为自己是个好说话的人时，我不会与他人在一起时提出建议或发言；我让他们带头。当我认为我永远无法为自己发声时，我就不会发表意见，即使是最简单的事情，比如我是否喜欢某些音乐、装饰或食物。当我认为自己太在乎别人的看法而不把自己放在第一位时，我甚至懒得去想，如果我把自己放在第一位，我会做什么、说什么或追求什么。"

然后，确定相反的行动

接下来，我们可以考虑采取相反的行动会是什么样子：做与我们的消极理念和情绪让我们做的相反的事情。例如，当我认为自己无趣时，我就不会在聚会或派对上发言，所以采取相反的行动就是在晚宴上分享一个故事。经常采取相反的行动有助于我们适应全新的、积极的自我概念。

切尔西为她的每个消极想法确定了相反的行动：

消极想法	相应行动	相反的行动	积极想法
我是个好说话的人	与他人在一起时，我懒得提建议，而是让他们带头	当我计划与他人在一起时，我会建议我们可以一起做什么或去哪里玩	我很有主见
我从不为自己发声	即使是最简单的事情，比如我是否喜欢某些音乐、装饰或食物，我也不会发表意见	当谈到音乐、装饰或食物时，我会表达我的真实想法	我可以，也确实为自己发声
我太在意别人的看法，而不会把自己放在第一位	我甚至懒得去想，如果我把自己放在第一位，我会做什么、说什么或追求什么	我会挤出时间写日记，记录自己的愿望和梦想	别人的意见不能左右我的生活和决定

正如我们在第二章中探讨的那样，我们中的许多人都犯了一个错误，那就是试图用一种新的行动方式去感受，而不是用一种

新的感受方式去行动。心理学家和哲学家威廉·詹姆斯（William James）写道："行动似乎是跟着感觉走的，但实际上行动和感觉是相辅相成的；通过调节受意志直接控制的行动，我们可以间接调节不受意志控制的感觉。"

我们不必等到对自己的积极想法充满信心时才采取行动。我们列出的相反行动项目都有简单明了的步骤，无论我们当下的感觉如何，我们都可以采取这些步骤。随着时间的推移，积累一系列小小的、自爱的行动将使我们更容易认同我们的积极想法。

注意你何时按照自己的积极想法行动。把它记在某个容易找到的地方，比如你的日记或手机上。当你感到气馁时，回顾一下这份行动清单以证明改变确实是可能的。

练习更新自我概念

当你慢慢开始转变自我概念时，以下做法可以帮助你脚踏实地且保持动力：

改变描述自己的方式

注意你是如何与他人谈论自己的。注意一些自我贬低的评论，比如"你知道我是一个多么好说话的人"或者"天哪，我从来都不会那样大声说话"。然后，考虑用你新的、积极的想法来替换这些典型的描述。替换很简单，比如把"你知道我的自信心有多差"换成"我最近真的在努力为自己发声"。

向值得信赖的朋友寻求反馈

有时，我们最亲近的人比我们自己看得更清。这包括在我们看不到的时候看到我们最美的品质。邀请一小群值得信赖的朋友，请他们用五个形容词来描述你。记下哪些描述反映了你的积极想法，哪些描述让你感到惊讶或高兴。然后，问问你的朋友，你的哪些行为导致他们这样看你。

庆祝你的努力

临睡前，列出你当天展现积极想法的方式。记住：行动无小事。将这种做法持续一个月，将所有清单都保存在同一个笔记本或文件中，然后安排时间查看它们。注意所有你正在慢慢适应新的自我概念的证据。

切尔西在手机上创建了一个便笺，记下了所有她展现自己积极想法的时刻。一开始，她觉得记录这些事情很傻，比如"建议安娜丽丝一起去一家新餐馆""在农贸市场上为买西红柿讨价还价"。但随着时间的推移，清单越来越长。有的时候，她想不出要添加什么；有的时候，她会添加一些重要的内容，比如"告诉布莱恩的律师，我不会满足于这么低的赡养费"。

每到月底，切尔西都会留出一个周日上午，边喝咖啡边回顾她的清单。当她打开便笺时，她为自己的清单有了如此惊人的增长而感到一阵自豪。她不再觉得积极的想法——她是一个为自己发声的人——遥不可及，现在感觉自己更接近事实了。

效仿榜样

确定一个能充分展现你积极想法的榜样。也许你正试图表明你更看重和平，所以你会考虑甘地（Gandhi）；也许你正试图展现无畏，所以你会选择碧昂斯（Beyoncé）或马拉拉（Malala）。在一天的生活中，通过你的行动来效仿你的榜样。你可能会问自己："在这种情况下，他们会怎么做？他们会如何打发时间？他们会如何处理这场冲突？"让你的答案为你指明意想不到的前进道路。

第六章　满足我们的愿望

当我们承认自己的感受、关注自己的需求、发掘自己的价值、更新自我概念时，我们的自尊心就会逐渐增强。我们正在学习把自己视为一个完整的存在，这包括允许自己不仅有需求，而且还有所追求：允许自己相信我们值得从生活中获得更多，而不仅仅是最基本的东西。

我们中的许多人并不重视自己的愿望，因为它们不像我们的需求那样迫切，但对于正在摆脱讨好行为的人来说，愿望却无比重要。我们的愿望是我们独特身份的体现，是我们在多年过度认同他人之后重新与自己建立联系的一种方式。虽然我们都有相同的基本需求，但我们的愿望却受我们自己的激情、品位、爱好和乐趣的影响。对于正在摆脱讨好行为的人来说，愿望并不是多余的奇思妙想，而是通往独立自我意识的台阶。

当我们确定并追求自己的愿望时，我们的生活就会变得更丰富、更广阔和更愉悦。在本章中，我们将探讨：如何在多年优先考虑他人愿望之后发现自己的愿望；如何改变我们与愿望这一概念的关系；如何将我们的愿望融入日常生活。

浅谈愿望

有无数种愿望，如同沙粒，不可能一一列举。我们的愿望可能是物质性的（对物品或财产的需求）、人际性的（对人际关系中品质的需求）、时间性的（对如何打发时间的需求）、身体性的（对身体感觉的需求——对食物、饮料、抚摸、按摩、性的需求）、情感性的（对感觉的需求）、审美性的（对事物外观的需求）、精神性的（与信仰、宇宙的联系）或与目的相关（我们希望如何为世界做出贡献或获得意义）等。

在不同的人际关系中，有不同类型的愿望是正常的。我们中的一些人可以自如地说出自己身体上的愿望，但却难以确定自己情感上的愿望。有些人可以轻松说出自己所有的愿望，但却羞于向他人承认。

童年时，我们中的许多人都曾向看护人表达过自己的愿望，但却遭到忽视、评判或羞辱。因此，我们中的很多人都知道，愿望会让我们变得自私或不可爱，我们学会了否认自己的愿望，以此作为保持安全的一种手段。现在，作为成年人，我们中的一些人知道自己想要什么，但却不敢承认；还有一些人根本不知道自己想要什么。我们往往不追求自己的愿望，而是追求别人的愿望，因为我们事先知道他们会喜欢。

也许我们的同事喜欢吃泰国菜，于是我们就去吃泰国菜。也许我们的爱人喜欢运动，于是我们知道所有球队的名字。采纳别人的愿望并不一定是件坏事，因为健康的人际关系就包括对彼此的爱好感兴趣，但有时我们会在这个过程中忽略自己的愿望。当我们的生活完全围绕他人的兴趣和爱好时，我们就会觉得与自己的愿望失去联系，进而与自己失去联系。

也许你喜欢吃泰国菜，但你真正想吃的是墨西哥菜。也许你喜欢运动，但你最喜欢的还是待在花园里。当我们打破讨好行为模式时，我们开始明白，与生活中的人有不同的愿望并不是一件坏事；事实上，它为我们与朋友和亲人的互动增添了多样性和不同的色彩。说出并认可这些小小的愿望，是一种尊重我们自己的方式，也是一种让我们认清自己很重要的方式。

发掘我们愿望的三种做法

起初，我们在试图确定自己的愿望时，可能感觉就像在看一个空洞，不知从何下手。以下练习旨在帮助我们克服恐惧，审视内心，发掘我们的愿望。下面我们将探讨如何发掘我们的愿望并在日常生活中实现它们。

为了说明这些做法，我们将以莎拉（Sarah）为例。莎拉，39岁，是一位有着三个半大孩子的家庭主妇，同时也是教会的积极分子。她和丈夫格雷戈里（Gregory）青梅竹马；他们在同一个小镇长大，并决定在那里组建家庭。虽然莎拉非常喜欢自己的社区，但作为母亲、教徒和社区成员，她感到每天的生活都是设定好了的，这让她感到窒息。她花了太多时间去关心别人，以至于她都不知道自己想要什么。

想象一个完全接纳的世界

我们中的许多人学会了把他人的兴趣看成我们自己的，以便找到认同感和归属感。我们可能害怕自己的愿望被评判或被排斥。这种恐惧会掩盖我们的愿望，使其难以确认。我们可以通过一个旨在暂时不用讨好行为模式的愿景练习来战胜我们的恐惧。

想象一下，明天你醒来，世界还是老样子，除了一个关键的不同之处：你生活中的每个人都会真诚、热情地满足你的每一个需求。法治依然适用，非法或暴力活动不被允许，但除此之外，你可以随心所欲，想干什么就干什么。在这个世界上，你可以向你讨厌海鲜的伴侣建议去吃炸鱼和薯条，而他的反应会是热情洋溢的。在这个世界上，你可以邀请十个朋友参加电影之夜聚餐，无论你做了什么菜，选了什么电影，这十个朋友都会为此感到激动不已。

在这个世界里，你的愿望可以自由驰骋，不受讨好行为枷锁的束缚，因为这里的每个人都保证会为你的选择而激动不已。

如果明天你在这个世界上醒来，你会追求什么？你会如何打发空闲时间？你会建议别人参加哪些活动？注意，当某些愿望受到保护，不受他人评判的威胁时，它们是如何从恐惧的面纱下显露出来的。

莎拉坐下来写日记。起初，她的脑海中一片空白，但她鼓励自己静下心来，看看会出现什么。最后，她写道："去远足吧。"她的丈夫格雷戈里不喜欢户外活动，而且很难说服三个孩子周六一起去远足。然而，莎拉怀念大自然（她在青少年时期花了很多时间徒步旅行），渴望与大地建立联系。

很快，其他愿望开始涌来。莎拉不好意思地写道："退出教堂唱诗班。"她的父亲是唱诗班的指挥，退出唱诗班会让她感到非常内疚——但在这个完全得到认可的白日梦中，她可以承认她不再觉得参加唱诗班是件令人愉快的事了。

最后，她写道："去意大利旅行。"当她还是个小女孩的时候，她就梦想着看一看威尼斯的运河和吃一吃满满一盘的西西里意大利面。

像莎拉一样，记下你在这里发掘的任何愿望，不管是大愿望还是小愿望。

以羡慕为指南

当我们想得到别人拥有的东西时，不管是他们的品质、成就、财产还是生活方式，我们都会羡慕。羡慕可以让我们窥视自己不为人知的欲望；在羡慕出现之前，我们可能根本没有意识到自己想要什么。因此，羡慕可以成为一位启蒙老师，帮助我们说出自己从未说出的愿望（研究表明，羡慕也可以成为推动改变的强大动力，促使我们改善环境，实现内心深处的愿望）。

花点时间评估一下你的生活。有没有你羡慕的人？他们有什么是你想要的？你想要拥有他们的个性特征、财产、亲密关系、事业、爱好、社交圈或是生活方式吗？

写下你羡慕的东西，越具体越好。你的答案指向你自己的愿望。

继续写日记，莎拉第一个想到的人是教会里的一个女人，麦琪（Maggie）。麦琪的生活很滋润：她未婚，没有孩子，经常因为工作出差而错过教堂活动。当她在城里时，她会去看戏剧，听音乐会，甚至去社区中心跳广场舞。麦琪说话时的自信是莎拉无法想象的，有时，她发觉自己希望能多像麦琪一点。

莎拉不会拿她的丈夫和孩子来交换任何东西——她非常爱他们，但这个练习帮她意识到，她渴望在日常生活中拥有更多的自由、冒险和新鲜事物。

让自己做白日梦

允许自己做白日梦是一种让自己熟悉愿望的低风险方式，即使我们最终没有追求到我们梦想的东西。当我们做白日梦时，正常生活的束缚并不适用，这为我们提供了探索内心的沃土。将以下提示作为点燃白日梦的火种，写下你想要发掘的愿望：

- 想象你明天一觉醒来，发现自己身处一个全新的世界。在这个世界里，你的愿望在朝着一个积极的方向发展；你的一整天不是由你的工作和义务安排的，而是由你的愿望和快乐安排的。这个世界会是怎样的呢？你会如何打发时间？请具体说明。

- 想象你明天一觉醒来，发现自己中了彩票。你有 1000 万美元可以随便花，但有一个简单的限制：你不允许把钱花在其他人身上。你会怎么花你的奖金呢？

- 想象你明天一觉醒来，发现自己在一个你一直羡慕的人的身体里。在这一天里，你可以像他/她一样生活。你觉得这一天中哪些部分最令人愉快？你希望自己能反复重温这一天中的哪些部分？

莎拉想象自己中了彩票。她和丈夫的经济状况良好——格雷戈里的工作让他们过着舒适的生活——但如果银行里有 1000 万美元的存款，就会给他们的生活带来很多可能。莎拉立刻写道："旅行。多雇保姆，这样格雷戈里和我就可以不带孩子出去玩了。去新餐厅吃饭。"

莎拉在反思自己对这三种做法的反应时，确认了一些共同点。她确实渴望冒险和猎奇；她想偶尔摆脱日常生活的束缚，去远足、尝试去新餐馆、与格雷戈里享受二人世界。虽然她热爱她的教会社群，但她也希望减少在那里的参与，以便有更多的时间参加当地的艺术和文化活动。

在此之前，莎拉甚至没有对自己承认过这些愿望。实现参与教会的愿望、格雷戈里的愿望、孩子们的愿望要容易得多。但现在她意识到，她自己的世界正需要她的关注。

将我们的愿望变为现实

一旦我们承认了自己的愿望，我们就成功了一半。现在是追求它们的时候了。有些愿望我们自己就能实现，我们只需要允许自己这么做。有些愿望涉及人际交往，需要他人的参与；我们只需要提出请求。现在，我们将关注我们自己就可以满足的愿望。在第八章中，我们将探讨如何围绕我们的人际需求提出请求。

收集你在本章中写下的众多愿望，不管是大还是小，是困难的还是轻松愉快的。从这里开始，我们的工作就是将它们变为现实。

攀登愿望梯子

我们可以通过创造一个愿望梯子来为追求我们的愿望做好准备：这是一个将我们的愿望从最容易实现到最难实现进行排列的方法。梯子的底部是低垂的果实：我们只需稍加用心就能满足的愿望。梯子的顶端是那些在逻辑上或情感上难以实现的愿望。例如：

愿望梯子						
我想洗个热水澡	我想买一本新书	我想每天都能感受到与我的精神世界更多的联系	我想做个按摩	我想在生活中有更多的社会联系	我想去欧洲旅行几周	我想辞职，换一份新工作

将梯子上的每一项细分为实现它所需的具体步骤。例如，要去做按摩，你可能需要在网上查找当地的按摩师，选择你喜欢的按摩师，查看你的时间，打电话预约，找人看孩子，以及安排前往那里的交通。

研究表明，将我们的大目标细分成子目标，能让我们感觉到目标是可以实现的，从而增强我们的动力。有了循序渐进的路线图，我们的愿望就会从模糊不清的想法变成清晰具体的计划。

从这里开始，我们可以根据自己的愿望梯子设定一个目标，从而对自己负责。我们可以问自己："今天，我能承诺爬上我愿望梯子的最低一级吗？如果今天做不到，本周能做到吗？我能承诺在年底前实现梯子上的多少个愿望？我能否每天抽出 15 分钟的时间，优先考虑梯子上的下一个愿望？"

最好的目标会把我们推向舒适区的边缘，同时承认我们无法立刻改写我们与愿望之间的关系。一开始，把纪律性和组织性应用到我们对读一本新书或洗一次热水澡的渴望上可能会感觉很傻。但是，通过为实现我们的愿望付出这种努力，我们向自己表明，它们——进而表明我们——是重要的。

莎拉的愿望梯子看起来是这样的：

愿望梯子						
我想去远足	我想去听当地的音乐会	我想请个人看孩子，计划和格雷戈里的二人世界	我想和我的闺蜜们来一次没有孩子的周末旅行	我想请一位生活教练，让他帮我练习树立自信	我想退出教堂唱诗班	我想去意大利旅行

为了对自己负责，莎拉设定了在月底前去远足的目标，并在年底前实现她愿望梯子上的前四个愿望。

揭示关于愿望的隐藏信念

我们中的一些人似乎就是无法摆脱"愿望是可耻的、自私的或多余的"这种感觉。了解我们在孩提时代被教导的关于愿望的知识，可以帮助我们理解我们在尊重自己的愿望时所遇到的困难。

为了揭示你对愿望的隐藏信念，你可以在日记中探讨以下问题：

- 你的看护人是如何看待愿望的？他们表达了自己的愿望吗？如果有，他们是如何表达的？
- 你的看护人认为自己的愿望是合理的，还是认为它们是不必要的、愚蠢的或不合理的？
- 你的看护人是如何回应彼此的愿望的？他们得到支持和鼓励了吗？
- 有限的经济或物质资源阻碍了你家中的人承认或实现他们的愿望吗？
- 当你在孩提时代表达自己的愿望时，你的看护人是如何回应的？

你对这些问题的回答揭示了你与愿望之间关系的起源。回首往事，我们可能会意识到自己内化了这样的理念：我的愿望没有别人的愿望重要。当两个人的愿望发生冲突时，我有责任把自己的愿望放在一边，而把别人的愿望放在第一位。如果我提出了一个愿望，就会遭到嘲笑，所以还是不要有任何愿望比较好。因为只要我提出了自己的愿望，就意味着我对已经拥有的东西并不心存感激。我的基本需求很重要，但我的愿望并不重要。诸如此类。

莎拉记得在她小时候，她的母亲没有任何家庭以外的兴趣和爱好，她把孩子和教会当成自己的全部世界。现在，莎拉的部分想法是，作为母亲和妻子，想要得到与孩子或配偶无关的东西是自私的。她在教会里听到的信息强化了她的想法，那就是她应该满足于拥有快乐的孩子和快乐的丈夫，其他的都是不必要的奢望。莎拉能够看到她是如何效仿自己的母亲的，虽然她对自己的生活总体上很满意，但她也开始意识到自己并非完全满意。

编写一个关于愿望的新想法

当我们打破讨好行为模式时，我们可以编写一个新想法，将我们的愿望正常化，并庆祝我们为优先满足这些愿望所做的不懈努力。我们的新想法可能包括这样的内容：我被允许对生活有更多的要求，而不仅限于最基本的东西。我的愿望是我独特身份的体现，通过为它们留出时间，我与自己的联系变得更加紧密。或者，我被允许拥有不同于他人的愿望。

莎拉思考着她的新想法，并写下了以下内容："母亲和妻子也被允许有想要的东西。事实上，允许自己追求自己的愿望可能会让我成为孩子们更好的榜样，成为格雷戈里更好的配偶。抽出更多的时间来实现自己的愿望，我将会变得更有自我意识和冒险精神。"

考虑最能引起你共鸣的新想法。你为自己的愿望留出的时间越多，你的想法就越真实，也就越有驱动力。

对愿望的恐惧

我们中的一些人学会了不去渴望，因为不知道为什么，我们想要的东西总是逃避我们。为了保护自己免受失望带来的心痛，我们中的许多人完全断绝了与愿望的联系，认为根本不想要才是最安全的。

当我们使用本章中的做法来触及我们的愿望时，我们可能会注意到，我们开始为多年来没有愿望而感到悲伤；为我们年轻时建立了"愿望是不安全的"想法感到悲伤；为我们多年来认为自己根本不配想要任何东西感到悲伤。这种悲伤虽然痛苦，却是治愈的迹象。这表明我们开始看到自己值得拥有的不仅仅是最基本的东西。

我们可能还会注意到恐惧，因为当我们最终允许自己发掘并实现愿望的时候，我们很容易受到失望带来的伤害。因此，承认自己的愿望是一种非常勇敢的行为。当我们打破讨好行为模式时，我们就会愿意冒失望的风险，因为我们渴望体验充满希望的、充实的生活所带来的快乐。

满足我们的愿望的练习

在你练习发现并满足自己的愿望时，可以考虑进行以下方法：

挑战自我去渴望一些不熟悉的东西

在本章的前半部分，我们注意到了几种类型的需求：物质的、人际的、时间的、身体的、情感的、审美的和精神的。对你来说，某些类别可能比其他类别更容易确认。找出你感觉最难触及的类别，并尽力确定你在该类别中的三个小愿望。如果可以的话，承诺在本周末之前至少实现其中一个愿望。

对我来说，物质需求一直是最难满足的。当我在大学里预算很紧的时候，没有欲望不是一个问题——而是一种财富！但当我有了一份收入稳定的工作后，我就有了更多的资源可以支配。问题是，我不知道自己想要什么东西。

朋友们来家里吃饭，我请他们自带银质餐具，因为我只有两把叉子（"可我一个人住啊！我只需要一把叉子！"）。我穿同一家旧货店的衣服已经好几年了。我经常清洗和重复使用同一条浴室手巾，而不去再买几条。我买得起新东西，只是很难相信自己配用它们。

当我意识到这种倾向时，我挑战自己在日记中列出三个小小的物质需求。回忆起与朋友共进晚餐的经历，我在清单上添加了一套完整的银器。说实话，如果我不用请客人自带餐具，那该多好。

我坐了一会儿，低头凝视着空白的页面。我环顾公寓四周寻找灵感，看到我的 Kindle 放在柜台上。我刚刚读了一本很棒的电子书，非常喜欢，所以想买一本纸质版的。通常，我很难证明这笔开销是合理的——电子书便宜多了！但我喜欢手中拿着真正的书的感觉，于是就把购买该书的精装本加入了我的愿望清单。

最后一项，我添置了新耳机。我的耳机最近老是出问题，音量时大时小。尽管有这个小问题，我也能凑合着用，但我喜欢在每天跑步时收听播客，我知道一副新的耳机会让锻炼变得更愉快。

当我评估我的清单时——全套银器、精装书、新耳机——我觉得银器是可行且实用的。我立即上网订购了一套 24 件套的餐具，第二天送货上门。到货后，我打开每件餐具的包装，骄傲地把每个餐具放在抽屉里。我感到了一种陌生的充实感。受此启发，我承诺每周至少优先考虑一个物质需求——无论它有多小——去享受想要的快乐。

在群体中调整自己的愿望

下次当你和一群人在一起，试图决定如何打发时间时，请注意一下。也许你正在决定去哪里吃饭，当天下午做什么，或者接下来在读书俱乐部读什么。当别人表达了自己的偏好时，请花一点时间停下来问问自己："我想要什么？"即使你没有说出这个愿望，这种做法也会帮助你增强内在倾听的能力。

维拉（Vera）和她的伴侣安布尔（Amber）已经约会两年了。维拉开始觉得自己在这段关系中迷失了自我，因此她决定在两个人相处时更关注自己的愿望。当安布尔来过夜时，两个人一起浏览网飞（Netflix）。安布尔提出看一部恐怖片，维拉犹豫了一下。她通常会同意，乐于顺其自然，但现在她问自己："我想要什么？"

维拉意识到，虽然她可以看恐怖片，但她更想看喜剧片。她对向安布尔提出这样的建议感到忐忑不安；她在这段关系中很少有表达自己的喜好的时候，所以她不确定安布尔会如何回应。她鼓励自己："维拉，告诉他你更喜欢看喜剧。最坏的结果就是被他拒绝。你们已经在一起两年了，你应该大声说出来。"

当维拉紧张地向安布尔透露她更想看喜剧时，安布尔感到有些意外——他不习惯维拉提出建议——但他还是很高兴地同意了。一个小时后，两个人沉浸在电影中，咯咯地笑着。维拉注意到，在约会时表达想法的感觉真好。

庆祝你已实现的愿望

在付出努力终于实现了自己的一个愿望之后，不要只顾着做下一件事——花点时间停下来庆祝一下！对于几十年来一直压抑自己欲望的人来说，积极追求它们是一项壮举。考虑与朋友谈谈，在你有意识地实现这个愿望时，你的内心、身体和大脑的感受如何。

立足我们的基础

当我们经常优先考虑自己的感受、需求、价值观和愿望时，我们不再长期处于与自己分离的状态，不再让自己游离于自身之外数小时、数天或数年。最终，我们开始在自身内部生活。

向内调整是一种实践，而不是终点。在有些日子里，我们会产生强烈的自我意识，完全活在自己的需求和愿望之中。在其他日子里——更艰难的日子——我们可能会被旧有的模式或他人的评判影响，从而远离自己。这也是向内调整过程的一部分。我们正在打破多年来或几代人形成的以他人为中心的模式。每当我们有意识地将注意力转移到自己的欲望或感受上，我们就会破坏自我放弃的循环，并为停止讨好行为奠定基础。

只有从这个地方——从这种自我意识出发——我们才能开始真正的自我倡导工作。如果我们不知道我们正在保护什么，我们就无法保护我们自己。有了这五大坚实的基础，我们现在就可以提出明确的要求，设定严格的界限，并在接下来的章节中开展重要工作。

2

第二部分

维护自我

第七章 不满足于最低需求

既然我们已经与自己建立了更牢固的关系，我们就可以开始在与他人的关系中表现自己和保护自己。

这一过程的第一步是确定我们的关系需求：具体来说，我们需要从与家人、朋友、伙伴和同事的关系中得到什么？正如我们在第一章中探讨的，许多讨好型的人都有过被忽视或被虐待的经历，而有些人仅仅是因为看护人没有满足他们的情感需求。通过这些成长经历，我们学会了不对他人提出任何要求——同时尽可能地迁就和讨人喜欢——是我们确保自身安全的方式。在许多关系中，我们学会了满足于最低需求。

但是，既然我们开始关注和尊重自己的感受、需求、愿望和价值观，我们也开始渴望从人际关系中得到同样的待遇。我们开始注意到在只有付出却没有回报的人际关系中、不平衡的人际关系中、为他人倒满杯子而让我们自己的杯子空着的人际关系中，一种不满情绪正酝酿着。这种不满表明，我们开始相信自己值得拥有更多。慢慢地，我们承认我们确实需要关爱、尊重和善意。是的，我们确实需要公平、贡献和回报。肯定自己的这些需求，是能够向他人表达这些需求的第一步。

在这一章中，我们将探讨如何确认我们的关系需求，并平息那些坚持认为它们"不合理"或"太过分"的说法。在接下来的章节中，我们将探讨如何在人际关系中表达和倡导这些需求。

人际关系中的需求路标

在多年满足于最低需求后，确定我们的关系需求可能是一个挑战。正如我们在第三章中看到的，了解我们的路标会让我们受益匪浅：具体的感受和行为表明我们的需求没有得到满足。我们的路标就像闪烁的红灯，让我们思考："这里有什么需要改变？"

在我们的人际关系中，怨恨、伤害、愤怒、压力和被利用的感觉都是需求未得到满足的信号。当我们觉得自己被冤枉、被剥削或受到不公平待遇时，我们就会心生怨恨。有时，我们怨恨是因为我们的付出超出了我们的意愿；有时，我们怨恨是因为有人弄虚作假或言而无信。怨恨往往是对尊重、互惠、公平、善意或平等的需求没有得到满足的信号。

伤害是被虐待、忽视或否定后的一种常见反应。它通常表示我们对关注、认可、善意、体贴或支持的需求没有得到满足。与此同时，当我们因未被善待而感到不公正时，就会产生愤怒。这是一种强烈的自我保护情绪：来自我们内心深处清晰的呼喊，认为所发生的一切触犯了我们内心的是非观。愤怒可能标志着我们对尊重、贡献、独立、公平或体贴的需求没有得到满足。

当我们承担了过多的义务而没有足够的休息时，我们就会感到有压力和疲惫。当我们为他人的感受承担了过多的责任时，我们也可能会感到情感上的压力。压力和疲惫往往预示着我们对休息、放松、平衡、公平或支持的需求没有得到满足。当我们感到他人在利用我们的善良或慷慨时，这就清楚地表明我们的付出已经超出了我们的意愿。感觉自己被利用，说明我们对平等、公平、互惠、体贴或支持的需求没有得到满足。

某些行为也可能是路标。长期对同一情况发泄、反复排练过去希望说出的话、回避某个人或某个群体或完全断开联系，都可能表明这种关系——在其目前的形式下——没有满足你的需求。

如果我们长期对同一种情况进行发泄，那么它显然会给我们带来持续的困扰。我们的一个或多个需求没有得到满足，这需要我们做出一些改变。当我们反复排练过去希望说出的话时，这表明我们没有在适当的时候表达重要的感受或需求。这种未被满足的需求很可能仍然存在于我们的内心，需要我们去解决。

回避某个人或某个群体可能是一个信号，表明我们不愿意直接向他们表达我们的感受和需求。虽然选择脱离一段关系可能是一种有价值的界限，但长期回避是让我们感到不安的一个信号，这表明有一个未被满足的需求需要我们关注。更极端的情况是，当我们觉得自己没有足够的情感资源去真诚地与对方交往时，我们可能会完全切断一段关系——在没有任何警告或解释的情况下消失。当我们注意到自己完全断开联系时，这可能是一个信号，让我们考虑一下有哪些未被满足的需求存在。

贝瑟妮的故事

29岁的贝瑟妮（Bethany）对男友罗伯（Rob）感到很失望。他们住在不同的公寓里，但在过去的六个月里，罗伯几乎每晚都在贝瑟妮家过夜。他在那里洗澡，在那里喝咖啡，大部分时间在那里吃饭，但他并没有主动提出为贝瑟妮分担伙食费或房租。

几周来，贝瑟妮一直在向她的朋友们发泄对罗伯的不满。一天，在支付了又一笔昂贵的账单后，她从食品杂货店回家。她感到愤愤不平，觉得自己被占了便宜，于是打电话给她的朋友文斯（Vence）。

"我刚在食品杂货店又花了150多美元，"她抱怨道，"我真不敢相信罗伯没有提出分担费用！他一直在我家。如果我在他家待那么久，几个月前我就会主动分担了。"

文斯是一个很好的倾听者，但他以前已经听过无数次这样的抱怨了。他同情地嗯哼了几声，挂断电话后，她为让朋友们一次又一次地听到同样的抱怨而感到尴尬。她记得，长期对同一情况发泄意味着一个未被满足的需求存在。很明显，与罗伯的关系需要有所改变了。

确定我们未被满足的需求

一旦我们发现了路标，就应该停下来，审视内心，问一问："在这种情况下，我未被满足的需求是什么？"

如果我们很难找到答案，不妨换一种提问方式，也许就会豁然开朗："为了解决这种情绪或行为，我需要改变什么？为了让我感到幸福，我需要停止什么？为了获得安全感，我需要更多的是什么？"

正如我们在第二章中讨论的，我们未被满足的需求可能是个人的，包括休息、独处时间、经济安全或娱乐等。特别是当我们习惯于过度付出时，这些需求很可能会被忽视。另外，我们未被满足的需求可能是关系性的：一种只有在与他人的联系中才能得到满足的需求。关系需求包括尊重、爱、安慰、公平、理解和同理心等。

发现隐藏在恐惧之下的需求

我们可能会因为害怕自己的需求不合理，害怕别人嘲笑或否定我们，或者害怕我们最终也无法实现自己已确认的需求，从而难以说出自己的需求。有时，这些担忧可能根深蒂固，以至于我们自己都没有意识到：我们只是觉得无法说出我们需要什么。

我们很快就会探讨如何面对这些恐惧。现在，当我们练习简单地揭示我们的需求时，重要的是我们对可能结果的担忧不会妨碍我们诚实地面对自己。为了挖掘出隐藏在我们恐惧之下的东西，我们可以使用第六章的练习，"想象一个完全接纳的世界"：

想象一下，明天你醒来，世界还是老样子，除了一个关键的不同之处：你生活中的每个人都会真诚、热情地满足你的每一个需求，并且毫无怨言。法治依然适用，非法或暴力活动不被允许，但除此之外，你可以随心所欲，想干什么就干什么。

在这个世界上，你可以表达你对关心、喜爱、平衡、互惠、理解、善意、尊重等方面的需求，它们会立即得到热切的满足。在这个世界上，你会发现你的路标下面未被满足的需求是什么？

为了确定自己未被满足的需求，贝瑟妮问自己："为了消除我的怨恨，我需要改变什么？"她的回答很直接："如果罗伯要在我的公寓里待这么长时间，我需要他在经济上能够分担。"但就在她向自己承认这一点的同时，她也注意到了害怕和自我怀疑。她的脑子里一片混乱："我爱罗伯，我很高兴他能待在我的公寓……向他要钱让我觉得自己很唠叨。而且，谈钱太伤感情了。如果我问他要，他拒绝呢？我是不是要求太苛刻了？"

"但我的需求合理吗？"

对于许多像贝瑟妮这样正在摆脱讨好行为的人来说，确定自己需求的最大障碍就是害怕自己的需求不合理或过多。正如我们在第三章中讨论的，我们在童年和成年后的人际关系中是如何满足我们的需求的，会影响我们现在是否愿意说出自己的需求并将其列为优先事项。如果我们的需求在以前曾遭到批评、蔑视或不感兴趣，我们可能会因为担心他人的评判而避免说出它们。

正如我们将在接下来的章节中探讨的那样，如果我们不相信自己的需求是有效的，那么我们就很难提出要求并为自己的需求设定界限。为了增强这种信任，我们可以牢记以下几点。

合理需求的大清单

当我们一生都把别人放在第一位时，我们的需求——无论多么基本——往往会显得太多了。对于正在摆脱讨好行为的人来说，重要的是要记住我们有关"太多"的标准是扭曲的；与最低需求相比，任何更多的需求都会让人觉得是一种奢侈。下面的"合理需求的大清单"提供了一些人际需求的例子，讨好型的人通常认为这些需求太多了，但实际上这些需求是完全合理的。（请记住，这份清单并不详尽。）

- 我需要安全感。
- 我需要免受人身伤害和暴力。
- 我需要得到尊重，包括不被羞辱或贬低。
- 我需要免受对我的身体和外貌的批评。
- 我需要被善待。
- 我需要被喜爱和赞赏。

- 我需要别人用"我关心你""我爱你"或"你对我很重要"等话语来表达对我的关心。

- 我需要别人主动与我共度时光、主动与我交流，而不仅仅是回应我的请求。

- 我需要别人对我和我的生活感兴趣。

- 我需要一致性，如果我身边的人无法以一致的方式与我沟通或相处，我需要他们能够解释原因。

- 我需要别人在我讲话时倾听，包括不要经常打断我或在我面前讲话。

- 我需要别人尊重我的关心和热情。

- 我需要别人尊重我有信仰的权利，即使他们不同意。

- 我需要别人信守诺言。

- 我需要独处的时间。

- 我需要别人尊重我的自主权，包括不要试图改变我或控制我的行为。

- 我需要信任别人。当他们在我们的关系中不想做某件事时，他们能够说"不"。

- 我需要别人清楚地表达他们的需求，而不是通过消极攻击或讽刺来表达。

- 我需要别人尊重我的界限，这包括每次我设定界限时，他们不要发脾气或把我说成是坏人。

- 我需要别人道歉并承认错误。

- 我需要别人愿意在我们的意见发生分歧后进行修复，而不是通过冷暴力、回避我或假装分歧从未发生过来惩罚我。

- 我需要在我们的关系中公平公正地分担经济责任、家务劳动和照顾孩子。

- 我需要别人尊重我的性界限，包括不以任何方式胁迫我、给我施压或让我内疚。
- 我需要别人在我们的关系协议范围内行事。

当我们回顾这份清单时，我们可能会在理智上同意这些都是合理的需求，但却注意到内心对它们的抵触。我们可能会觉得这些需求对别人来说是合理的，但对我们来说却不是。尤其是如果我们以前很少经历过这种情况的话，我们可能会质疑自己是否值得这种待遇。

相信我们值得拥有更多并不会一蹴而就。这是一个循序渐进的过程，我们越是独立地优先考虑自己的需求和感受，就越是相信我们值得在我们的关系中优先考虑它们。归根结底，没有什么英雄或权威会让我们相信自己值得拥有更多。有时，唯一的办法就是跨越理念：成为我们自己的英雄，并且通过我们的行动教导自己，只要不妥协，我们值得拥有更多。

他人的限制并不意味着你的需求不合理

如果我们一生都与那些忽视、疏远、回避或情绪无能的人在一起，我们可能会认为对公平、亲情、亲密和支持的基本需求是不合理的，仅仅因为我们最亲近的人无法满足这些需求。

在与一个情绪无能的男朋友交往之后，我开始相信肯定的话语——如"我爱你""我在乎你"或"你对我很重要"——是不合理的需求。在恋爱关系中，我不得不乞求我的男朋友给予我口头上的关爱。他经常说他朋友的好话，但似乎无法对我做同样的事。我很卑微地请求他能不能时不时地称赞一下我的个性、我的穿着、我的笑容——任何东西都行。他没有答应。后来，在向我表白的几个月后，他完全不再说这些话了。当我向他解释我们彼此说"我爱你"对我有多么重要时，他同意我说得对——但再也没有说过这句话。

有一段时间，我怀疑自己是不是出了什么问题，需要这些保证才能感受到爱和安全感。我怀疑，需要伴侣口头上的善意是否期望过高。

但是，他人的不能或不愿满足我们的需求并不意味着我们的需求太多。重要的是，我们不要把他人的限制内化为关于我们是谁和我们需要什么的客观事实。有些人，无论出于什么原因，都不会满足我们的需求；而另一些人则会高兴地、热切地、毫不犹豫地满足我们的需求。对这个人的过犹不及就是对另一个人的恰到好处。

我们的需求不会是他人的需求，但这并不意味着它们是错的

我们每个人都有不同的原生家庭、创伤史、敏感性、个性、愿望、沟通方式等。这些因素中的每一个都导致了我们独特的关系需求。

内向的人可能比外向的人需要更多的独处时间。由情绪无能的看护人照顾长大的人可能要比由贴心的看护人照顾长大的人更需要伴侣的安抚。善于言辞的人可能比不善于言辞的人需要更多的交流。我们有别人没有的需求，别人也有我们没有的需求。这并不意味着我们"错了"——这只是让我们与众不同。

需求与策略

一旦我们确定了自己的需求，就可以考虑采取哪些策略来满足需求。需求通常是广泛而无形的（例如，爱或尊重），而策略则是具体的行动和行为（例如，恭维某人、告诉人们你很欣赏他们）。有时，多种策略都能满足一个潜在需求；偶尔，只有一种策略有效。

在某些情况下，我们可以通过自己的行动来满足自己的需求。如果我在忙碌一周后需要休息，我的策略可能包括早睡、取消晚上的计划或请一天假。如果我一心扑在工作上，需要更多的休息时间来平衡，我的策略包括多花时间和朋友在一起、抽出时间进行艺术和创意方面的活动，或者简单地休个假。

另外，我们的关系需求——如爱、同情、支持或尊重——需要他人参与。如果我正在经历一段困难时期，需要伴侣的支持，他可以采取的策略包括打电话关心一下、为我做一顿家常饭或在沙发上拥抱我。如果某个家庭成员一直在骂我，而我需要被尊重，那么唯一能有效满足我的需求的策略就是让他停止伤害我的行为。

有时，很难判断一个特定的策略是否能成功满足我们的需求。在这些情况下，我们可以想象这个策略就像想象一部心理电影一样从头到尾地放映。电影结束后，你有什么感觉？这个策略奏效了吗？你注意到原来的怨恨、压迫等感觉有所减轻吗？虽然这个练习可以帮助我们预测一个策略的有效性，但有时我们直到尝试了才知道它是否有效。

有时，最好的策略就是改变我们自己的行为

当我们因为过度付出而不堪重负、精疲力竭或心生怨恨时——承诺我们没有时间去做的事情，给予我们没有资源的东西，以及在我们没有空间时提供支持——我们的行为就需要改变以满

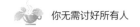

足我们的需求。

三个月前，珍娜（Jenna）的妹妹莉莉娅（Lillia）经历了一次痛苦的离婚。从那以后，珍娜每天都会给莉莉娅打电话问候，而莉莉娅每次都要聊上几个小时。起初，珍娜每天都能和莉莉娅聊上几个小时，但现在她发现自己感觉不堪重负。她需要一些空间。在这种情况下，珍娜自己的行为——每天给莉莉娅打电话，一聊就几个小时——违背了她自己对空间的需求。满足珍娜需求的两个策略包括减少打电话的频率或限制每次通话的时间。

如果问题出在我们的过度付出上，我们就需要一个内部界限：一个我们对自己的行为和承诺做出的保证。我们将在下一章讨论这种界限。

贝瑟妮的故事（续）

当贝瑟妮在考虑她和罗伯的情况时，她考虑了哪些策略能满足她对公平和经济分担的需求。最后，她得出结论，她需要罗伯分担一半的伙食费和一小部分房租。

那些自我怀疑的内心声音仍然存在——"我是不是太唠叨了？这不合理吗？"——但贝瑟妮提醒自己，罗伯基本上是住在她的公寓里，这是一个公平的安排。她不喜欢在恋爱时自己在经济上支持男朋友，她也不希望自己和罗伯之间的关系因为这种难以启齿的不满而受到影响。经过这么多月的积怨，贝瑟妮清楚地意识到，说出自己的需求是唯一的出路。

既然我们已经探索了如何确认自己未被满足的需求，我们将在接下来的三个章节中探讨如何利用内部界限、请求以及与他人的界限来维护这些需求。

揭示人际需求的三个步骤

为了培养揭示人际需求的习惯，请遵循以下三个步骤。

1. 识别你的路标

识别你目前感到怨恨、受伤、愤怒、不堪重负、筋疲力尽或被人利用的具体情况——或者你反复发泄同一个问题、反复排练过去希望说出的话、回避某个人或某个群体，或者完全放弃一段关系。

2. 确定你未被满足的需求

考虑到这一具体情况，问问自己："我未被满足的需求是什么？"

请参考"合理需求的大清单"以获得支持。如果你很难说出自己的需求，那就用这个神奇的问题："如果我可以保证我说出的需求会得到满足，那么我会把什么确定为我未被满足的需求呢？"

3. 确定满足你的需求的具体策略

一旦你发现自己未被满足的需求后，请考虑能够满足该需求的策略。回答提示：哪些具体行动可以满足我对_____的需求？

如果你难以确定某个具体策略是否有效，想象它就像想象一部心理电影一样从头到尾地放映。记下所有出现的策略。记住，如果只有一个策略可行，那是完全没问题的。

第八章　给自己设定界限

　　有时，为了满足我们的需求，别人的行为必须改变。然而，有时候，就像珍娜的情况一样，我们自己的过度付出是我们怨恨、疲惫、劳累和不堪重负的根源。在这些情况下，我们可以通过更坚定的内部界限来满足自己的需求，即我们对自己的行为和承诺做出的保证。

　　当我们在已经精疲力竭的情况下接受新的承诺时，我们忽视了自己对休息、放松、平衡和情感健康的需求；与他人相处的时间超出了我们的意愿；为他人的情感保留的空间超过了我们乐意的范围；谈论的话题让我们感到不舒服；同意一些我们实际上并不想做的事情，比如进行第二次约会、开展与朋友的计划或做出身体亲密行为。当我们以这种方式超越自己的极限时，不是别人不善待我们，而是我们不善待自己。电话是从家里打来的。⊖在这种情况下，满足我们的需求是一项内部工作。在本章中，我们将探讨：如何通过内部界限来守住自己的底线；如何通过打破自己过

　　⊖　这句话的意思是指某种行为或情况是由自己内部引起的，而不是外部因素导致的。

度付出的模式来化解怨恨；如何利用我们的内部界限来为与他人
设定界限做好准备。

被忽视的需求和被打破的承诺

如果我们长期忽视自己的需求——或者反复让自己陷入不能
满足自己需求的互动中——这是一个信号，表明我们需要更坚定
的内部界限。

卡拉（Carla）

卡拉是一名网红，以在 Instagram 和抖音上发布视频为生。每
天发布视频后，她都要在这些社交媒体上刷几个小时，不知不觉
会看数百个视频，而对于这些视频，她在几秒钟后就不记得了。
屏幕时间正在影响她的心理健康，她需要更多时间远离社交媒体。
她的内部界限可能是：我每天只花两个小时在社交媒体上。

路易斯（Luis）

路易斯几个月来一直在使用交友软件，希望能遇到自己的人
生伴侣。他想要一段认真的关系，但他也很孤独，所以他直接找
那些自称只想随便玩玩的女性。故事的结局总是一样：约会一两
次后，女人们就消失了，他只能从头开始，却比以前更加孤独。
为了不再失望，并优先考虑认真交往的愿望，路易斯的内部界限
可能是这样的：我只与那些与我志同道合的人约会。

正如这些例子展现的，设定内部界限要求我们意识到自己的
需求，并按照自己的需求行事。如果没有内部界限，我们就会觉
得自己在不断违背对自己的承诺，久而久之就会削弱我们的自我

信任感。尊重自己的底线是我们的责任；我们有责任做出健康的决定，优先考虑自己的需求，即使这意味着我们不能按照自己习惯的方式过度付出。

有时，这取决于我们

当我们觉得别人在利用我们的时间、善良或慷慨时，这通常表明我们已经越过了自己内在的界限，付出超过了自己的极限。然而，我们并没有为自己的讨好行为承担责任，反而会责怪别人利用我们，没有感应我们未说出口的需求。

吉尔（Jill）

吉尔是一位单身母亲，有一对上五年级的双胞胎。她的工作非常繁忙：在家经营自己的生意，还要经常送孩子们去参加足球训练和朋友家。一天，双胞胎的老师贝卡（Becca）邀请吉尔加入家长教师协会（PTA）。

吉尔已经忙得不可开交，但她还是答应了，因为她希望贝卡认可她的育儿理念和对学校工作的支持。当天晚些时候，吉尔向朋友抱怨贝卡"利用了她的善良"，在她已经如此忙碌的情况下还让她加入家长教师协会。但事实上，吉尔在没有空闲的情况下许下了新的承诺，违反了自己休息的需要。

吉尔的内部界限可能是：当我的日程已经排得满满的时候，我不会再承担新的义务。

福斯特（Foster）和艾米丽（Emily）

福斯特和艾米丽有一个 24 岁的儿子杰瑞米（Jeremy）。三年前，杰瑞米大学毕业，决定做一名吉他手。他到处接一些演出的机会，但挣的钱还不够付房租。

福斯特和艾米丽同意在杰瑞米追逐梦想的时候资助他，但三年后，他们感觉到经济上的压力。他们对不再资助他感到内疚，所以一直没有停止资助。但在与大家庭成员通电话时，他们抱怨杰瑞米在利用他们的支持。

福斯特和艾米丽将自己的不适归咎于儿子，却不承认他们的过度付出已经超过了自己的极限。他们才是违背自己需求的人。他们的内部界限可能是：当我们负担不起的时候，我们不会在经济上资助杰瑞米。

正如上述案例清楚显示的，一旦我们给自己设定了一个内部界限，我们往往就需要向他人传达这个界限。我们可能会发现自己需要说"不"、拒绝承诺，或者告诉我们所爱的人，我们不再像以前那样予取予求了。我们将在第十章讨论如何与他人设定这些界限。

有时，我们可能会想："但他们是在利用我！他们知道我是一个给予者，也知道我很难说'不'。这就是他们向我请求帮助的原因。"

讨好型的人通常讨厌别人让我们处于不得不设定界限的境地。在这些情况下，老话说得好："给予者必须设限，因为索取者很少设限。"即使别人因为知道我们倾向于过度付出而请求我们帮忙，保护我们的需求并说"不"仍然是我们自己的责任。

发现我们的内部界限

正如我们在第七章中看到的，怨恨、不堪重负和精疲力竭等信号表明我们在人际关系中过度付出或过度承诺。要发现你的内

部界限，审视你目前的情况。你目前的生活是否有以下任何情况：

- 有意识地忽视你自己对时间、空间或休息的需求？
- 承担超出你所能容纳的？
- 当你实际想说"不"的时候，说了"是"？
- 支持他人到疲劳或精疲力竭的程度？
- 给予他人的支持让你感觉不舒服？
- 为了得到对方的喜欢而为其做事，但事后却怨恨对方？

针对你发现的每一种情况，确定一个内部界限——对自己行为的承诺——这将帮助你守住自己的底线。

例如：我会在晚上十点前上床睡觉。如果没有时间，我会拒绝新的计划。当我没心情打电话时，我会告诉我的朋友。当我在工作中感到不堪重负时，我会告诉我的经理。当我没有空闲为他人提供支持时，我会坦诚相告。

一旦我们确认了我们的内部界限，我们的任务就是将其付诸行动。有时，这仅仅意味着满足我们的个人需求，正如我们在第三章中所探讨的那样。有时，这涉及用请求或与他人的界限来表达我们的需求，我们将在接下来的章节中探讨这一点。

只有用行动来体现，我们的内部界限才会有效。这就要求我们即使在困难的时候也要优先考虑它们。这些策略可以帮助你强化你的承诺：

让你的承诺可见

写下你的内部界限，并把它放在显眼的地方，提醒自己履行承诺。你可以把它写在一张纸上，贴在冰箱、浴室镜子或汽车仪表盘上；把它设为你的手机壁纸；把它作为口头禅每天早晚重复一遍。

分享你的承诺

研究表明,与你重视其意见的人分享你的目标,会增加你实现目标的可能性。为了让你对自己的内部界限负责,你可以与朋友、所爱的人或治疗师分享。不时地和他们分享你是如何坚守自己的界限,庆祝你的成功。

想象一下长期好处

想象一下如果你用一年的时间来维持你的内部界限,你的生活会是什么样子?你的身心健康会有怎样的改善?人际关系中的怨恨会如何减少?你与自己的关系会发生怎样的变化?你还会体验到哪些其他好处?

所有的界限都始于内在

了解我们的内部界限是在人际关系中传达我们的需求和界限的先决条件。毕竟,如果我们在独处时都不愿意保护自己的时间,又怎么可能与他人在一起时设定时间界限呢?如果我们不把休息作为自己生活中的优先事项,我们怎么可能在家庭、友情和职场内有效地倡导休息呢?既然我们已经阐明了自己的需求和限制,我们将探讨如何利用请求和与他人设定界限来将它们付诸行动。

第九章　提出请求

　　一旦我们确定了自己在人际关系中的需求，我们可能会得出结论：要满足我们的需求，就需要他人做出改变。我们可能需要更多的沟通、更多的关爱或更多的平衡；我们可能需要减少不尊重、减少被动攻击或减少相处的时间。

　　现在是提出请求的时候了：请求别人改变自己行为以满足我们的需求。这些请求可能看起来像：

- "你能不能跟我说话的时候小声点？"
- "你能不能经常主动提出计划？"
- "我觉得很累——能让我单独待一会儿吗？"
- "你能和我分享你的感受吗？"
- "你能不能不要开这种玩笑了？"

通过请求来表达我们的需求，是我们向自己和他人表明我们的需求多么重要的方式。在本章中，我们将打破别人不用问就"应该知道我们需要什么"的神话；探讨如何将我们的请求用语言表达出来；讨论在人际关系中请求展开的五种常见结果；探讨当别人不能满足我们的请求时，我们应该采取的措施。

"我不必问——他们就应该知道"

提出请求的最大障碍之一就是，我们总认为别人"就应该知道"我们需要什么、如何关心我们、如何在不被告知的情况下爱我们。我们的配偶"就应该知道"我们需要更多的爱；我们的老板"就应该知道"我们被工作压得喘不过气来；我们的朋友"就应该知道"我们不能连续几周在家里招待他们。

但是，并不是所有人都能以同样的方式表达兴趣、关心或爱，也不是所有人对感情、空间或休息都有同样的需求。我们的成长经历、我们的文化传统、我们独特的个性以及我们独特的敏感性都会影响我们与他人互动的模式。期待人们以我们喜欢的方式与我们相处——不需要告诉他们——不仅不现实，也是怨恨的根源。只有当我们明确表达了我们的需求，我们才能说别人应该知道，因为我们已经告诉他们了。

虽然提出请求可能会让人感觉很容易受伤害，但它为别人提供了所需的信息，使他们能够妥善地照顾我们。我们不能保证他们会按照我们的意愿采取行动，但通过提出请求，我们可以确信我们已经尽力给别人提供了满足我们需求的机会。

德夫林（Devlin）的故事

德夫林和他的伴侣 JD 在交往两年后刚刚搬到一起。德夫林是全职的建筑工头，而 JD 是一名在家办公的自由撰稿人。当德夫林结束九小时的工作回到家时，他已经筋疲力尽；他更希望先洗个澡，放松一下，然后再进行一次长谈。与此同时，JD 一整天都在独自工作，德夫林的归来让她有了倾诉的对象。

每天德夫林一进门，JD 就会问他一大堆问题："今天过得怎么样？项目进展如何？你觉得什么时候能完工？"

德夫林一直在努力接受这一切，但他注意到自己开始感到沮丧。他想："为什么我一进门，JD 就问个不停？她应该知道我已经累了一天了。"

然而，这种热情一直是 JD 迎接德夫林的方式；当他们约会时，他们会一起吃饭或喝酒，德夫林总是觉得 JD 的活泼和好奇心很迷人。现在，他们的情况发生了变化：他们住在一起，安静的独处时光变成了共享时光。德夫林承认他们以前从未遇到过这种特殊情况，他能确定 JD 知道他需要独处时间的唯一方法就是告诉她。

将请求用语言表达出来

请求相对简单。一般来说，它们有五种形式：要求别人开始做某事、多做某事、不做某事、少做某事或以不同的方式做某事。

起初，我们可能会觉得自己的请求过于啰嗦，提供冗长的解释或无关紧要的细节。这通常源于紧张和我们认为需要"充分说明"我们的需求。但事实上，最有效的请求是清晰、准确和简单的。以下是你可能会使用的三种方法：

简单明了的方法

如果你想要更多的东西，你可以说：

- "你能_____吗？"
- "我需要_____。你能帮忙吗？"
- "你愿意_____吗？"

如果你想要少一些东西，你可以说：

- "你能停止_____吗？"
- "你介意不_____吗？"
- "从现在起，你能不_____吗？"

如果你想让你的请求更有说服力，你可以在请求中附加你的核心需求。你可能会说："我想感觉更亲近。你介意在我们单独相处的时候少用手机吗？""我想对你说实话：你经常让我照看孩子，让我感到很累。你能把要求限制在一个月一次吗？"

"我"—陈述法

"我"—陈述法（I-Statement）由心理学家托马斯·戈登（Thomas Gordon）于1970年提出，是一种由四个部分组成的沟通方式，可以帮助我们清晰直接地表达自己的感受和需求。

"我"—陈述法包括四个部分："当你_____时，我感到_____，因为_____，我需要_____。"

我建议以一个清晰直接的请求结束你的"我"—陈述："你能_____吗？"

在实践中，这种方法看起来就像："当你经常使用手机时，我感觉很难过，因为这妨碍了我们彼此交流。我需要更多的联系。你介意当我们在一起时你少花点时间在手机上吗？""当你经常让我照看孩子时，我感到很累，因为我的日程安排已经很满了。我需要在我们的关系中感受到更多的体贴。你能让我每周照看孩子不超过一次吗？"

彻底透明法

有时，我们的请求会改变一段关系中长期存在的模式。有时，我们现在需要的并不是我们以前需要的。有时，我们的请求可能

很难让他人听到。

彻底透明法（radical transparency）基于这样一种理念，即我们在为自己倡导时，不需要假装冷漠、坚忍或非常自信。事实上，只要承认这个请求是新的、出乎意料的甚至是可怕的——或者承认它可能很难被听到——我们就可以邀请他人进行一次富有同情心的谈话。

使用彻底透明法表达的请求听起来可能像：

- "说这个对我来说很难，但我想对你实话实说：＿＿＿＿对我已经没用了。你能用＿＿＿＿代替吗？"
- "我知道过去我需要＿＿＿＿，但我意识到我的需求发生了变化，我现在需要的是＿＿＿＿。你能帮忙吗？"
- "我知道，过去我对＿＿＿＿还可以，但我现在想更好地照顾自己，我意识到＿＿＿＿不再适合我。能不能请你不要＿＿＿＿？"
- "我害怕伤害你，但对我来说，重要的是我们能坦诚相待。我想让你知道，当你＿＿＿＿时候，我感觉＿＿＿＿。今后，你愿意＿＿＿＿吗？"
- "说这话我很紧张，但我想对我爱的人更加坦诚，所以我需要告诉你＿＿＿＿。"

彻底透明法对你信任的人最有效：这些人关心你的幸福，不太可能利用这种方法的弱点来对付你。

德夫林的故事（续）

德夫林为提出请求而担心，因为他不想伤害与 JD 的感情。他们刚刚搬到一起，一切都进展得很顺利，他不想破坏这种气氛。考虑到他们之间的微妙关系，德夫林决定采用彻底透明法。一天吃晚饭的时候，德夫林问 JD 能不能谈谈。

"可以啊，" JD 回答道，"怎么了？"

德夫林一开始结结巴巴地说："好吧，是……说这个对我来说很难，但我想对你实话实说。呃……当我下班回家时，我通常都很累。我知道你一个人在家待了一整天，想和我说话，但我需要先洗个澡，放松一下，然后再跟你一起聊聊天。"

话说出口后他感觉更加自信了，他继续说道："你介意把关于我的一天和我的项目的问题留到那个时候再问吗？到时候我就有更多的时间和你聊天了，我也可以问问你今天的情况。"

JD 听着，用叉子戳着她盘子里的食物。"哦，"她回答道，"我一直在想，为什么你下班后对我似乎很冷淡。"

德夫林点点头。"只是在长时间的轮班后，需要一些独处的时间才能感到满血复活。"

JD 皱了皱眉。她沉默了一会儿。"好吧，"她最后说，"我明白了。我想我只是觉得没有安全感，就像……我也说不清楚。就好像我们住在一起对你来说是一种负担或什么的。"

德夫林伸手握住了 JD 的手。他说："我喜欢和你住在一起。我发誓。搬到一起住需要一段时间磨合，你知道吗？我们以前从没这么做过，我们都必须了解对方的需求。"

德夫林紧握 JD 的手。"我希望我告诉你我需要什么，能让你更乐意告诉我你需要什么。"

最后，JD 露出了微笑："好的。嗯，确实，我很高兴你告诉了我。对，我完全可以等一会儿再问你今天的情况。"

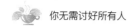

请求的呈现方式

提出请求本质上是尝试合作。请求让别人有机会更好地了解我们，了解我们的需求，并满足我们的需求。提出请求后，我们通常会经历以下这些结果之一：

他们同意满足我们的需求

在一般情况下，我们的请求都会被接受。就像德夫林和 JD 一样，对方愿意以我们喜欢的方式满足我们的需求，一切都很顺利。

他们乐于接受并表现出改变，但偶尔需要提醒

有时，特别是当我们的请求改变了关系中现有的模式时，对方可能会接受，但需要我们不时地提醒。

在一家科技初创公司工作了三个月后，尼彭（Nipun）终于鼓起勇气告诉他的老板，她一直念错他的名字。他的老板道歉并改正了自己的错误，但在接下来的几周里，她时不时会不小心念错他名字的发音。

莉娜（Lina）是一位全职妈妈，她要求她的伴侣科亚（Koa）多洗碗，分担一些家务。科亚很乐意，大多数晚上都会洗碗，但偶尔也会因为工作太忙而忘记。

人无完人，偶尔忘记、疏忽和犯错是很正常的。在这些情况下，尼彭和莉娜可能会选择在每一次疏忽时重申他们的要求；或者，因为他们的需求在大多数时候都得到了满足，所以他们乐意什么也不说就让这些事过去。

他们接受了我们的核心需求，但不愿或无法执行我们要求的具体策略

有时，一个人想要满足我们的核心需求——比如联系、亲密、信任、同情等——但他们不能或不愿按照我们要求的具体方式来做。

娜塔莉（Natalie）和约瑟夫（Joseph）已经交往一年了。他们每周有两个晚上在一起，娜塔莉希望能有更多的时间在一起。她对约瑟夫说："我需要更多的联系。我们可以每周共度三晚而不是两晚吗？"

约瑟夫想让娜塔莉感觉他们的联系更多一些，但她建议的方式对他来说并不可行；他的工作非常繁忙，现在每周在一起的时间不能超过两个晚上。尽管如此，约瑟夫还是尽可能地多陪陪娜塔莉。

出现这样的问题需要我们集思广益、通力合作：还可以使用哪些方法来满足这一核心需求？也许约瑟夫决定在他们不在一起的那些晚上跟她打电话聊天；也许他决定邀请娜塔莉参加他每周和朋友们一起玩的问答游戏，作为一种让她感到更多联系的方式。从这里开始，就要由娜塔莉来决定这些替代策略是否能有效地满足她对联系的需求了。

他们声称愿意接受，但不改变他们的行动

有时，对方声称可以接受我们的请求，但随着时间的推移，他们的行动并没有反映出这种变化。这些情况令人困惑，让我们不禁要问："他们到底能不能满足我的需求？"

当莫娜（Mona）温和地告诉父亲，他的愤怒让她感到不安时，父亲听进去了，并承诺会更好地控制自己的脾气。但在接下来几个月的相处中，他还是一如既往地易怒。

一年前，佩妮（Penny）邀请维奥莱特（Violet）搬进她的两

居室公寓。最近，维奥莱特酗酒已经失去控制，佩妮不乐意与一个整夜东倒西歪、醉醺醺的人共处一室。当佩妮要求维奥莱特少喝点酒时，维奥莱特同意了。但随着时间的推移，佩妮发现她并没有减少饮酒量。

在这种情况下，别人的言语传达的是一种信息，但他们的行动却传达着另一种信息——重要的是，我们要相信从他们的行动中收集到的信息。空洞的承诺无法满足我们的核心需求，随着时间的推移，这些混杂的信息会破坏信任，并在彼此关系中生出怨恨。

他们不接受我们的请求

有时，我们的请求并不成功：对方不愿意或无法调整自己的行为。有时，这表现为简单的拒绝："我做不到。"其他时候，则表现为嘲笑、评判或批评。

从根本上说，请求是无法执行的。我们提出要求并不意味着他们会答应。无论结果如何，我们都可以继续前进，因为我们知道我们已经尽了自己的责任，传达了我们的需求。至于他们是否会满足我们的要求，那就不是我们能控制的了。

当我们的请求不成功时，我们可能会想知道：现在怎么办？

无休止的请求循环

不幸的是，我们中的许多人在别人已经向我们表明他们不能或不愿满足我们的需求之后很久，还在继续提出同样的请求。我们这样做往往是出于一种错觉，以为只要提出请求，就能以某种方式控制别人的意愿。这就是我们陷入无休止的请求循环的原因。

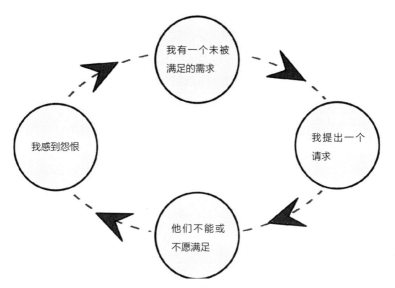

在这种循环中，我们的需求永远得不到满足，因为我们一遍又一遍地要求他人改变。当他们不这样做时，我们感到无助；我们会觉得自己是他们的行为和选择的受害者。我们会因为自己的需求得不到满足而产生怨恨，但我们并没有采取有意义的行动来改变我们的处境；我们只是一而再，再而三地请求。

当我们反复请求别人对我们表现出更多的关爱、尊重或善意，要求他人停止成瘾或破坏性的行为，要求他人停止老是发表伤人的言论，要求他人公平地分担育儿、财务或家务劳动时，我们就可能陷入这种循环。无休止请求循环是由一种深切而痛苦的渴望驱动的，即他人最终会以我们所需要的方式来关心我们。这种渴望是如此强烈，以至于让我们对眼前的现实视而不见：事实上，他们并没有改变。因此，无休止请求循环是通往挫败和心碎的单程票。它让我们感到完全失去了我们的主体能动性。

我们可以从根本上接受他们的行为不会改变的事实，从而重新获得力量，打破循环。从这里，我们可以有意识地选择继续维持现状，或者设定一个界限，承认这种关系在其目前的形式下无法满足我们的需求。设定界限并不一定意味着完全结束联系；它也可能意味着调整这段关系的结构、期望或亲密度。在下一章中，我们将探讨如何带着同情心和自信心设定这些界限。

自在地提出请求需要时间和练习。你可以从小事做起，提出一些有可能得到积极回应的请求，比如出去吃泰国菜而不是寿司，或者看这个节目而不是那个节目，从而加强你提出请求的能力。尽量避免过度解释；让你的请求尽可能简单，以便对方能够轻松理解。别忘了庆祝请求成功，无论成功多么小，都要与支持你努力摆脱讨好行为的朋友一起庆祝。

第十章　与他人设定界限

从最简单的意义上讲，界限将一个事物与另一个事物分开。栅栏是两处房产的界限；我们的皮肤是我们的器官与外界的界限。界限是划定一个事物结束和另一个事物开始的线。

当我们与他人设定界限时，我们就在彼此间建立了某种隔离。我们可以把界限想象成保护我们的盾牌，使我们免受威胁我们幸福的事物的伤害，比如别人的粗鲁无礼、别人的情感倾轧、不想要的触摸或者我们没有时间和空间承担的承诺。界限能让我们尊重自己的底线——什么适合我们，什么不适合我们——并围绕这些底线设计我们的生活和人际关系。

归根结底，界限是一种认识，即我们无法控制别人的言行，但我们可以控制自己的反应和允许进入我们生活圈的事物。这就是界限的意义所在。虽然界限会在短期内造成分离，但实际上，在所有关系中，界限都是必要的和健康的。在本章中，我们将阐明界限和请求之间的区别；探讨如何有效地设定和执行界限；讨论如何脱离不需要的互动，以此作为设定界限的一种形式；探讨当他人不喜欢我们的界限或反对它们时，我们该如何处理。

娜奥米（Naomi）的故事

33 岁的娜奥米和 31 岁的妹妹艾瑞娅（Aria）性格迥异，但非常亲密。娜奥米安静矜持，而艾瑞娅热情奔放、不拘小节、敢于冒险。姐妹俩住在同一个城市，虽然在很多事情上意见不合，但她们每周还是会聚一次，一起喝咖啡或吃晚饭。

去年，艾瑞娅嫁给了一个叫肯（Ken）的男人。和艾瑞娅一样，肯也个性张扬：他性格暴躁、固执、冒失。但是，肯固执己见的天性让他变得不尊重人，他经常发表的性别歧视言论让娜奥米深感不适。当艾瑞娅的工作得到晋升时——这是她多年来努力工作的目标——肯开玩笑说她的沙漏形的身材与此有关。在家庭聚餐时，他开玩笑说女人应该待在厨房里，而不是工作场所。娜奥米的狗死后，她难过地去看望艾瑞娅和肯，他的第一句话是："这很难过，但没那么难过。你是生理期到了还是怎么了？"

娜奥米爱她的妹妹，但她害怕与肯相处。当她和妹妹谈到肯的行为时，艾瑞娅耸耸肩，说道："哎呀，他只是在开玩笑。他没有别的意思！"

娜奥米不知道该怎么办。她不想破坏她和艾瑞娅的关系，但和肯相处又把她逼到了边缘。好几次，娜奥米把肯拉到一边，私下和他谈。她试着温和地解释他的言论为何令人不快。她告诉他，他的"玩笑"让她感觉不舒服，并要求他不要说了。每次，肯都笑着敷衍她，说她"太敏感了，偶尔也该放松一下"。

娜奥米感到陷入了困境。面对肯公然的性别歧视，她不再愿意袖手旁观。她的请求没有成功，所以现在是时候设定一个界限了。

界限与请求

当我们向他人提出请求时，我们要求他们改变他们的行为。但当我们设定一个界限时，我们会改变自己的行为来保护我们自己、我们的需求和我们的底线。正如我们在上一章讨论的，请求的核心是合作：一个成功的请求需要他人来改变他们的行为。而界限则不需要其他人的参与。当我们设定界限时，我们是在评估什么对我们不起作用，并采取相应的行动。以下这些例子说明了请求和界限之间的区别。

情境	请求	界限
你的父亲总是在喝醉后给你打电话，这让你很不舒服	"你能不能只在你清醒的时候给我打电话？"	言语："你喝醉了，我无法和你通电话。我明天给你打电话。" 行动：挂断电话
你的配偶在与你争吵时提高嗓门	"跟我说话时能不能小点声？"	言语："你对我大喊大叫的时候，我不想跟你说话。" 行动：大喊大叫时不再谈话
你的婆婆经常强加给你育儿建议	"我在用我觉得最好的方式抚养我的孩子，所以你能不能不要再强加给我建议了？"	言语："如果你继续强加给我建议，我就不愿意谈这个。" 行动：当你的婆婆强加建议时，要么结束对话，要么不回应

正如你从这些例子中看出的，我们的界限并不是要改变他人，而是要为我们能容忍和不能容忍的他人的行为设定明确的界限。因此，界限不是从他人那里获得更多东西的方式。我们无法"限制"一个人给予我们更多的喜爱、关注、善意或想要与我们合作。我们可以向他们要求更多——这就是请求的意义所在——但最终，

界限是让我们远离那些不能满足我们需求的情况，或者那些让我们感到不安全、被漠视或受到某种伤害的互动。

娜奥米已经多次向肯提出了请求。她请求："你能不能不要在我面前开这种玩笑？""你能不能不要在我面前说那种话？"肯并没有做出积极的回应，他根本没有调整自己的行为。娜奥米承认，她无法管住肯，她无法让他变得愿意满足她的请求。相反，娜奥米认识到她需要一个界限：她需要与肯和她认为不能容忍的行为分开。

界限的类型

我们的界限可以是身体上的、物质上的、情感上的、时间上的、经济上的，也可以是心理上的。

类型	说明	示例
身体界限	身体界限与我们的身体有关	"我不在第一次约会时接吻，但我们可以拥抱。"
物质界限	物质界限与我们的财产和物品有关	"我不乐意把我的车借给你过周末。"
情感界限	情感界限帮助我们对自己的情感负责，而不对他人的情感负责。情感界限帮助我们区分我们在哪里结束和他人从哪里开始。（下一章我们将进一步探讨情感界限。）	"我不能再当你的婚姻发泄对象了。"
时间界限	时间界限与我们的日程安排和承诺有关	"我得挂电话了，明天再继续聊吧。"
经济界限	经济界限与金钱有关：我们花多少钱、花在什么地方、为谁花、为什么花	"我不能住在合租房里，除非我们平摊房租。"

（续）

类型	说明	示例
心理界限	心理界限涉及我们的信仰、观点和价值观。健康的心理界限使我们即使在面对分歧时也能坚持自己的观点，但同时也让我们对学习、好奇心和成长保持开放的态度	"让我们在这一点上求同存异吧。"

娜奥米得出结论，她可以设定身体界限，在肯讲有关性别歧视的玩笑时离开房间；也可以设定时间界限，减少与他在一起的时间；还可以设定心理界限，明确表示自己不同意他的观点，而不是保持沉默。

沟通我们的界限

如何沟通我们的界限取决我们的情况。我们可以使用如下方法。

简单明了的方法

当别人向我们提出一些我们无法或不愿满足的请求时，简单明了的方法往往最有效。也许我们的妹妹问我们她是否可以借我们的车，也许我们的约会对象问我们是否愿意去他们的公寓，也许社区成员问我们是否可以在社区义卖活动中做志愿者。

在这些情况下，设定一个简单明了的界限就可以了：

- "不。"
- "不，谢谢。"
- "我不能。"

- "我没时间。"
- "今天不行。"
- "这对我没用。"
- "我现在没时间。"
- "现在不是时候。"
- "也许改天吧。"

"我"—陈述法

就像我们在前一章中讨论过的，"我"—陈述是一个由四个部分组成的沟通方式，它可帮助我们直接表达自己的感受和需求："当你____时，我感到____，因为____，我需要____。"

在设定界限时，"我"—陈述是这样的："当你在争吵后试图马上把事情说清楚时，我感到有点受不了，因为我还没有时间自己处理。我需要至少等一个小时冷静下来再和你讨论。"或"当你和家人讨论我的心理健康问题时，我感到不安，因为这侵犯了我的隐私。我需要隐私，所以从现在起，我会对自己的心理健康信息保密。"

对于娜奥米来说，这种方法可能看起来像这样的："肯，当你开关于女性的玩笑时，我感到很不舒服，因为这些玩笑带有性别歧视和攻击性。我需要远离这种行为，所以如果你再开这种玩笑，我就离开。"

彻底透明法

我们还可以使用彻底透明法来设定界限。需要提醒的是，这种方法最适合与你信任的人一起使用：这些人关心你的幸福，不太可能利用这种方法的弱点来对付你。

- "说这个对我来说很难，但我想对你说实话：_____。"
- "我知道，过去我已经_____，但我现在想更好地照顾自己，所以我不能继续_____。"
- "我害怕伤害你，但对我来说，重要的是我们能坦诚相待。我想让你知道我再也不能_____。"
- "说这话我很紧张，但我想对我爱的人更加坦诚，所以我需要告诉你，我不能_____。"

彻底透明法看起来像这样："爸爸，我怕伤害你，但我们能坦诚相待对我来说很重要。我想让你知道，我不能再听你抱怨妈妈了。这让我夹在中间为难，我不太乐意扮演这样的角色。"或者"格洛丽亚（Gloria），我知道过去我和你及你的朋友们一起参加年度疗养，但今年我想省钱，所以不能去了。"

考虑到肯一直以来这么轻视她，娜奥米觉得对他使用彻底透明法还不太自在。不过，在向妹妹艾瑞娅传达她的新界限时，她可能会选择这种方式："艾瑞娅，说这个对我来说很难，但我想对你说实话：我再也不愿意听肯有关性别歧视的笑话了。我受不了了。如果我们在一起的时候他开这种玩笑，我就得离开了。"

发声法

有时，我们想要发声是为了让我们自己的看法为人所知。特别是当有人表达了我们不认可的价值观或想法时，发声既能尊重我们的正直个性又能设定一条心理界限：在他们所相信的和我们所相信的之间划清界限。

发声看起来像是在说："我不同意。""我不同意你的观点。""我实际上相信_____。""我觉得你说的话带有性别歧视／种族歧视／

跨性别恐惧。"

对于娜奥米来说，这种方法可能看起来像："肯，我不同意你的观点，实际上我觉得这是对女性的极度不尊重。"或者"肯，这是有关性别歧视的评论，我完全不同意。"

善意的谎言怎样呢？

当我们担心伤害别人的感情时，我们可能会考虑用一个善意的谎言来避免不必要的麻烦。当熟人邀请我们去喝咖啡，而我们却不感兴趣时，我们是否可以告诉他们我们很忙，而实际上我们并不忙？当远方的同事邀请我们参加他们的婴儿洗礼会，而我们不想花钱送礼物时，我们可以撒谎说我们不在城里吗？

在低风险的情况下，特别是与我们不太熟悉的人相处时，善意的谎言有助于消除尴尬。在任何时候都做到 100% 诚实并不总是可行的，甚至是不可取的；在某些情况下，这样做只会无谓地伤害别人的感情。

然而，我们不应该用善意的谎言来逃避与我们亲近的人进行艰难而重要的对话，尤其是如果这种情况以后还会出现的话。反复用"我们只是很忙"或"只是现在不知该怎么办"这样善意的谎言会让人产生怀疑，我们身边的人会感觉到我们并不坦诚。随着时间的推移，这些善意的谎言会慢慢破坏我们与他人关系中的信任。我们最好明确表达我们的立场，告诉他人我们需要什么，以及我们希望这段关系是什么样子的——即使这对他人来说很难接受。

将界限付诸行动

如果我们设定了一个界限，表明某种行为对我们不起作用，那么当这种行为出现时，我们就需要让自己远离它。否则，我们的界限就是一个毫无意义的声明，不能为我们提供任何保护。

如果你设定了一个界限，规定自己不再参与八卦闲聊，那么当有人开始八卦闲聊时，你要退出互动。如果你告诉你妈妈，你不能再在工作时间接她的电话，那么当她在你开会期间给你打电话时，让电话转到语音信箱。如果你设定了一个界限，表明当你的配偶大喊大叫时，你不会继续保持对话，那么当你的配偶大喊大叫时，你要闭嘴。

其他人可能不喜欢我们的界限，或者可能会反对它们——我们稍后会讨论这个问题——但归根结底，因为我们的界限是关于我们自己的行为，所以实施它们始终在我们的掌控之中。

我总是需要说出我的界限吗？

并非所有的界限都需要表达出来。如果这是对方第一次听到你的需求，如果你正在改变你们关系中的既定模式且你希望对方意识到这一点，或者如果对方理解他们的行为如何影响你的行动对你来说很重要，那么大声说出你的界限会很有帮助。

但是，如果你已经说明了自己的需求且提出了多次请求，但都无济于事；如果你从过去的经验中知道，对这个人说明自己的界限总是会遭到严厉的拒绝；或者如果你的需求非常迫切，而你又没心情来谈论你的界限，那么你可能会决定不说出自己的界限，而是直接去做。

既然娜奥米已经表明了自己的感受和需求，她就不需要大声说出自己的界限。她可以简单地将其付诸行动：当肯开冒犯的玩笑时，她可以离开房间；如果她知道肯会在场，她可以少去参加家庭聚会。

通过脱离来设定界限

当我们选择脱离时，我们就退出了对我们有害的互动。通过脱离，我们承认自己无法控制别人的行为，但我们可以控制自己在这种动态关系中扮演的角色。我们不再玩拔河比赛，而是放下绳子。

在很长一段时间里，通过脱离来设定界限的想法对我来说感觉很奇怪。毕竟，我一直在努力让自己更善于发声，而这想法感觉就像是发声的对立面。我担心脱离与避免冲突是一样的——这是我在讨好别人的日子里做过的事情。然而，我很快了解到，作为讨好行为的脱离与作为界限的脱离是非常不同的。

多年来，我的一些家人们对别人的体重评头论足。这让我烦恼不已。我和许多我爱的人一样，多年来一直在与自己的体重做斗争，我觉得这些评论冷酷无情、毫无人性。我曾多次试图说服他们不要这样做，但从未奏效。他们认为我"太敏感"，对事情"太较真了"。无论我如何争论和恳求，他们都不会改变。

这些频繁的争论对我造成了影响。每次争论后，我都会感到沮丧和愤怒，要花几个小时才能恢复平静。最后，我意识到，我在试图改变一个不会改变的人，而在这个过程中，我也在伤害自己。因此，我不再继续发声，而是选择脱离。当他们评论别人的体重时，我不回应。我不回复短信；我挂断了电话；我离开了房间。我无法控制他们，但我可以控制是否通过我的参与和存在来尊重他们的评论。

作为讨好行为的脱离是以恐惧为基础的。当我们因恐惧而脱离时，我们会想："我害怕发声，因为我想让他们喜欢我"或"我不想惹麻烦，所以我最好保持安静"或"我不想让他们知道我有这种需要，因为我害怕他们会评判我，所以我什么都不会说"。

作为界限的脱离是以力量为基础的。当我们为设定界限而选择脱离时，我们会想："我无法控制他们如何对待我，但我可以选择忍受多少负面对待"或"我不会再把宝贵的时间和精力花在争论这件事上"或"我不会对这种无礼的评论做出任何回应"。

有时，一个人的行为非常伤人，我们唯一的选择就是完全离开这段关系。还有的时候，我们会发现，如果我们脱离不愉快的互动或者慢慢地不那么亲近，我们就能维持一段关系。我们可通过六种界限策略——三种短期策略和三种大局策略——实现脱离。请注意，并非每种方法都适用于每种情况，也有可能并非每种方法都适合你。

短期策略：退出互动

当我们退出互动时，我们会从行动或言语上让自己摆脱令人不快的情境。行动上可能表现为走出房间，在我们和有这种行为的人之间创造物理空间，或者完全离开环境。言语上的表现可以是不回复信息或电话，挂断电话，或者选择沉默而不是被刺激去争吵。

这种方法非常适用于：大多数的互动，如果你能够离开这个空间。

对娜奥米来说，当肯开粗俗的玩笑时，她可以选择离开房间或聚会，或者不回复肯含有冒犯评论的短信。

短期策略：灰岩法

灰岩（gray rock）法是由一位名叫斯凯拉（Skylar）的博主在2012年提出的，它是在我们无法实际退出互动，但又想减少参与

的情况下，应对不受欢迎的行为的一种策略。使用灰岩法要求我
们尽可能地不回应、不表达。面对不受欢迎的行为，我们不给对
方参与的满足感、避免眼神接触、给出简短的回答，或者表现出
完全脱离。

起初，灰岩法听起来很像讨好行为——保持沉默以避免冲突。
再次强调，这种方法的不同之处在于我们的意图和心态。保持沉
默是一种讨好行为的形式，是由恐惧驱动的；使用灰岩法来设定
界限则是在说"我不会让我的参与来抬举这种互动"。

这种方法非常适用于：无法离开物理空间的互动；与令人沮丧
的同事互动。

举个例子：二十年前，维克拉姆（Vikram）一家从印度移民到
美国。现在，25 岁的维克拉姆已经成长为一个崇尚自由的人；与
此同时，他的父母却非常传统。他们不断询问他的恋爱生活，并
鼓励他结婚，尽管他数百次要求他们不要这样，但他们还是我行
我素。

在一次家庭聚餐后回家的车上，维克拉姆的父母试图劝说他
去和朋友家的女儿约会。他以前也被这样唠叨，这让他很沮丧，
但他无法退出互动，因为他被困在车里了。维克拉姆没有参与互
动，而是使用了灰岩法：他盯着窗外，只发出简短的"唔"和
"嗯"回应了事。最后，他的父母也累了，开始谈论别的话题。

短期策略：差异化

差异化是一种能力，它让我们知道我们在哪里结束和他人在
哪里开始：认识到我们与他人从根本上是不同的。我们的差异化
程度越高，我们在人际关系中就越具有强烈而独立的自我意识。
从这种独立性出发，他人的不同想法或感受就不那么具有威胁

性。我们不那么依赖他人的同意或认可，因为我们对自己充满了信心。

当我们的差异化程度较低时，我们会想："他们一定同意我，认可我。"但当我们的差异化程度较高时，我们会想："如果他们认可就好了，但没有必要。"

当我们的差异化程度较低时，我们会想："我不能容忍冲突或分歧。"但当我们的差异化程度较高时，我们会想："我们是两个独立的个体，我们不一定要在所有事情上都达成一致。"

当我们的差异化程度较低时，我们会想："我不由自主地会对他们的一切感觉、言行做出反应。"但当我们的差异化程度较高时，我们会想："当他们的行为惹恼我时，我可以选择是否做出反应。"

当我们把差异化作为一种界限时，我们就会观察别人的行为，而不会对其做出反应。当别人说了一些我们不同意的话时，我们可以提醒自己："仅仅因为他们的行为，并不意味着我需要做出反应。""我不喜欢他们信仰这个，但他们有权拥有自己的信仰。""仅仅因为他们有这样的情绪体验，并不意味着我需要去解决它。"

这种方法非常适用于：与我们的观点和信仰不同的人互动，与项目中难以合作的人互动，与我们所爱的但价值观不同的人互动。

在与政治信仰与我大相径庭的家庭成员互动时，我曾多次使用过这种策略。多年来，我与他们激烈辩论，想尽一切办法改变他们的观点。无论我分享多少令人信服的统计数据或令人心痛的故事，都从未奏效。每一次，我都会感到愤怒、疲惫，最重要的是，我感到疏离。我越试图改变他们，我们的关系就越受影响。

我最终得出的结论是，维持这些关系比观点一致更重要，所以当他们在谈话中表达自己的观点时，我开始采用差异化策略。

我有意选择不做任何反应，因为我提醒自己："他们已经知道我的感受。我们是独立的个体，不必事事意见一致。这不是我所相信的，但他们有权拥有自己的信仰。"

我知道我可以为重要的目标奔走呼告，也可以在我生活的其他领域做出改变。我试图改变我所爱的人的想法，但却没有成功，这让我一无所获，反而失去了很多。通过差异化策略，我开始感觉立足于自身，而不是被迫卷入另一场我不想要的辩论。

进行大局转变

从困难的互动中脱离可以在短期内保护我们，但随着时间的推移，反复脱离会让我们精疲力竭。有时，我们需要做的不仅仅是腾出空间，而是需要对关系进行大局上的转变。

以下这些大局的转变可以减少我们在关系中的整体参与度，给了我们更多的空间、时间和距离，让我们远离那些我们认为困难或不可接受的行为。有时，减少我们的参与度就足以让这种关系中的不适感变得可以忍受。有时，我们会发现我们需要彻底离开一段关系，如此才能真正感到安全。

大局策略：降低亲密度

当人们不愿意改变他们的行为时，我们也无法改变他们。我们只能决定与他们的亲密程度和联系，并从大局出发，调整与他们相处的频率、时间长短、沟通方式（如电话、短信、电子邮件等），选择与他们讨论的话题或与他们共同的纠葛（如共同拥有一家企业、共养宠物等）。在复杂的人际关系中保持为数不多的互动，可以让人际关系更轻松，而且随着时间的推移，这种关系也会更加持久。

这种方法非常适用于：任何你希望维持，但在目前的形式下让你感到难以承受、疲惫、沮丧或以其他方式损害你的心理健康的关系。

对娜奥米来说，这个方法就是告诉艾瑞娅，她只能一个月来吃一次晚饭，而不是一周一次；告诉艾瑞娅，如果她想在其他时间聚，只能在肯不参与的情况下；控制她在肯和艾瑞娅家逗留的时间，最多不超过两个小时；当她的父母在节假日举办家庭聚会时，她就去住酒店，这样她就可以和肯保持一定的距离。

娜奥米明白，如果她想和艾瑞娅保持联系，就必须见到肯，至少偶尔要见。不过，与他为数不多的互动可能会让娜奥米感觉不那么难以承受。虽然这仍然会让娜奥米感到沮丧和困难，但比起彻底结束这段关系并处理与妹妹之间的问题，她更愿意选择这种方式。

大局策略：调整期望值

如果我们希望维持一段关系，我们就必须调整对对方的期望，从而准确地反映对方如何对待我们和他们的情感成熟度。如果我们总是用自己想象中的理想标准来衡量这段关系，我们就会永远感到失望和怨恨。设定现实的期望值可以让我们欣赏现在的关系，而不是我们希望的关系。通常情况下，我们也会将这种方法与另一种形式的界限设定相结合，比如降低亲密度。

当我们调整我们的期望值时，我们可能会用"他们可能永远不会以我希望的方式向我表达爱意"来取代"总有一天，他们会给我所有我渴望的爱"这一理念。我们可以把"他们会接受我，认可我的选择"换成"他们可能永远不会真正理解或支持我"。我们不要相信"总有一天我们会像其他家庭一样亲密无间",而要接受"我们可能永远不会像其他家庭那样亲密无间"。

这种方法非常适用于：你希望维持但长期感到失望的人际关系，以及与家庭成员之间经常让你感到沮丧的关系。

有时，我们希望别人会成为我们想要他们成为的样子，尽管有大量的证据表明事实并非如此。像这样搁置现实，会让我们无法设定自己需要的界限。娜奥米花了很长时间试图找到一种神奇的方法来解决她与肯之间的问题。她提出了很多请求，但却不愿意设定界限，她想："这不公平！他应该认识到这些玩笑是多么有害。我妹妹应该跟他断绝关系。"

遗憾的是，这些愤愤不平并没有带来任何改变。娜奥米终于认识到唯一的解决办法就是改变自己对肯的行为的反应。为了调整她的期望，她提醒自己："再多的争论也不会让肯改变。他可能永远都不会成为一个让我感到舒服的人。他和我妹妹的婚姻可能意味着，如果我要尊重自己的界限，我就必须远离家庭互动。这很糟糕，但这就是现实情况。"

大局策略：彻底离开这段关系

结束一段关系是一个非常私人的决定。有时，尤其是面对赤裸裸的伤害或虐待，离开这段关系是维护我们健康和幸福的唯一界限。有时，离开的决定并不那么明确。那个真正让你烦恼，但也表现出关心的朋友怎么办？如果你家人的理念令你反感，但你却与他们有着长久而富有故事的过去，那该怎么办？你所爱的人似乎无法在谈话中为你留出空间，但却在其他方面对你表示了善意，那又怎么办呢？

遗憾的是，没有一个计算器可以让我们输入我们的不满，然后收到明确的去留指示。最终的决定权在我们手中。在我们考虑是否需要彻底离开一段关系时，以下问题可以帮助我们理清思路：

- 这种关系对我来说是否一直弊大于利？
- 这种关系是否对我的身心健康造成了长期的负面影响？
- 我是否已经尝试过不同的界限来让这段关系更持久？它们失败了吗？
- 我留在这段关系中的唯一原因是外在因素吗（例如，为了获得他人的认可、避免评判、让他人开心）？

重新审视娜奥米

娜奥米开始与肯划清界限。第二周，艾瑞娅和肯设宴款待娜奥米和他们的父母。

在吃甜点的时候，娜奥米说她刚刚在一次糟糕的股票投资中损失了一些钱。"我很沮丧，"她承认道，"这是一家很有前途的公司，但这周完全崩盘了。所有的钱都打了水漂。"

她的父母和艾瑞娅在一旁轻声安慰。肯伸了个懒腰，懒洋洋地叹了口气："我是怎么跟你说的，娜奥米？这就是为什么你必须把投资的事交给男人们去做。"

娜奥米感到热血上涌。她想："就这样吧。"她闭了一会儿眼睛，深吸一口气，然后从座位上站了起来。

"谢谢你们丰盛的晚餐，"她对在座的人说，"但我现在得走了。"

当她端着盘子走进厨房时，肯叫道："天啊，不至于吧，娜奥米！你真的要为了一个玩笑毁了今晚吗？"

有那么一瞬间，娜奥米怀疑自己——"我是不是太敏感了？"——但她心中的怒火并不那样想。她没有回应肯的挑衅。相反，她只是把盘子放在水槽里，从柜台上拿起钱包，走出前门。

当娜奥米回到车上时，她浑身发抖。一方面，她为自己中途离开而感到内疚，她不知道家人是否对她感到不满。另一方面，她也感到自己很坚强：她不禁将此刻感受到的力量与默默倾听肯的言论时感受到的无力感进行了对比。

第二天，艾瑞娅打电话给娜奥米。"我知道你不喜欢他的幽默感，"艾瑞娅沮丧地说，"但你真的必须离开吗？这让大家都觉得有点尴尬。"

"艾瑞娅，"娜奥米回应道，"我爱你，但没错，我真的不得不离开。我只是不喜欢再听到那些评论了。"

艾瑞娅叹了口气。

娜奥米继续说道："老实说，今后，我觉得最好有更多我俩单独相处的时间。我还是可以一个月左右来吃一次饭，但现在，每周一次感觉太多了。"

艾瑞娅沉默了一会儿。"我会考虑的，"她低声说道，"只是觉得我的亲姐姐不喜欢我丈夫，这太糟糕了。"

娜奥米能感觉到艾瑞娅的失望。她知道艾瑞娅想得到她的安慰，确认她实际上喜欢肯。她必须竭尽全力不去重蹈覆辙——为了营造和谐而说谎。

"我能理解你的难处，艾瑞娅，"娜奥米说，"如果肯决定不再说性别歧视的话，我们可以商量把每周聚餐重新提上日程。"

不久之后，她们结束了通话。艾瑞娅同意下周和娜奥米单独见面喝咖啡。当娜奥米结束通话时，两种熟悉的感觉出现了：内疚和力量。很明显，艾瑞娅并不开心，但娜奥米终于没有为了维持和平而背叛自己。这足以让她有信心坚持自己的界限而继续前进。

处理对界限的抵触

有些人会完全接受我们的界限；有些人会对我们的界限感到失望或受伤，但最终会用行动来尊重我们的界限；还有一些人不喜欢我们的界限，他们会尽一切努力来抵触它们。

对界限的抵触可能表现为：有人告诉我们为什么我们的界限是刻薄的或不公平的；试图就我们的界限展开辩论；用愤怒和敌意来让我们改变主意；用内疚感来让我们改变主意（例如，"如果你圣诞节不回家，你会毁了所有人的节日"）；试图让我们自我怀疑（例如，"你疯了——我从来没有做过你指控我做的事情！"）。

面对他们的抵触，我们可能会被诱惑不划清界限以维持和平。但我们必须坚持到底。与其改变我们的界限，不如限制我们对界限的抵触的回应。为此，我们可以采用以下策略之一。

同情并坚持立场

当我们同情并坚持立场时，我们就承认了接受者的挫折、伤害或失望，同时也维护了我们的界限。这种方法最适合我们信任的人：这些人通常会表现出以我们的最佳利益为重。

我们可以说："我明白这让你很失望。我真的需要这样才能感到安全 / 舒适 / 平衡。""我看得出你很难过。这对我很重要，它能让我在我们的关系中感觉更自在。""我知道你因此受到了伤害。我很在乎你，我希望我们的关系能够长久。这将使我们的联系对我来说在长期内感觉更可行。"

重复唱片法

重复唱片法（the broken record technique）是一种强势的沟通方式，最初由曼纽尔·J. 史密斯（Manuel J. Smith）提出。当我们使用这种技巧时，我们会一遍又一遍地重复相同的信息，从而避免陷入辩论或争论。例如：

> 娜奥米："我不能每周都来吃晚饭。"
>
> 艾瑞娅："但是，娜奥米，我们是一家人。你不觉得你因为肯的笑话而生气，有点可笑吗？"
>
> 娜奥米："这也许是你的看法，但我不能每周都过来吃晚饭。"
>
> 艾瑞娅："是不能，还是不愿意？这看起来像是一个小题大做的问题，不是吗？"
>
> 娜奥米："我不能每周都过来吃饭。"

退出互动

面对抵触时，退出互动是完全合理的反应。这可能会让人感觉很强硬，但请记住：他们已经用行动向我们表明，他们不愿意尊重我们的界限。此时，我们的责任不是迎合他们的情绪，而是保护我们自己。摆脱这种状况的方式可以是走出房间、挂断电话或不回复短信。

关于界限的艰难真相

关系教练兼治疗师西尔维·霍卡辛（Silvy Khoucasian）说得好："有时，一个人的界限与另一个人的需求不相容。"我们的新界限可能会突显出需求上的根本不匹配，从而使一段关系难以为继。我们有权设定与他人的界限，他们也有权决定这些界限是否适合他们。朋友可能会被我们的界限冒犯，从而选择结束友谊。爱人可能会告诉我们，这些新的界限对他们根本不起作用。家人可能会说，他们宁愿彻底断绝关系，也不愿在我们的界限内与我们打交道。

在这些情况下，维持关系的唯一办法就是重新找回我们以前的讨好行为。就像娜奥米一样，我们可能会被诱惑去做任何必要的事情来维持和平——但我们必须记住，只有当我们无视自我时才能维持的关系对我们来说是不健康的。我们终其一生都在目睹这种关系对身心造成的伤害。

在多年的沉默和被动之后，我们设定界限是我们开始相信自己能够保护自己的方式。在本质上，它们是自尊的宣言；它们表明我们不再容忍虐待、不平衡或忽视。我们越自在地设定界限，就越能认识到，在人际关系中，我们不必完全按照他人的条件存在。我们也有发言权。

第十一章　设定情感界限

　　我们在上一章中讨论的界限是在自己和他人的行为之间创造了空间，而情感界限则是在我们和他人的情感之间创造了健康的隔离。如果没有情感界限，他人的情感就会像墨水滴入一池水中一样涌入我们的情感。我们会被每个人的压力、焦虑、沮丧和悲伤淹没，以至于我们难以接触我们自己的感受和需求。

　　讨好型的人的情感界限发展不健全，因为我们中的许多人在童年时期就学会了把管理他人的感受作为一种保持安全的方式。作为成年人，当我们缺乏情感界限时，我们会觉得自己有责任解决他人的问题、强加建议、卷入与自己无关的冲突、努力求同存异，并尽一切努力平息他人的愤怒、沮丧和焦虑。慢慢地，这种情感上的自我放弃会导致我们无法确定自己的感受和需求、以损害我们自己的方式讨好别人、感觉自己的生活不是真正属于自己的。

　　当我们加强我们的情感界限时，我们就会获得稳定性、独立性和自主性。我们变得能够同情他人的不适，而不觉得自己有责任去解决它。摆脱了这种不必要的责任负担，我们终于有了优先考虑自己的空间。

对于正在摆脱讨好行为的人（他们曾经被教导别人的感受都需要他们管理），情感界限是所有界限中最能解放自己的界限。在本章中，我们将学习如何释放对他人情感的责任感；区分对他人情感的同情和对他人情感的责任；探索在与朋友、伴侣、家人和所爱之人的关系中设定健康的情感界限的四个步骤。

艾米（Amy）的故事

索菲娅（Sophia）有两个成年子女：25 岁的艾米和 30 岁的诺亚（Noah）。艾米感情丰富、性格外向，她和母亲的关系一直很好。诺亚喜怒无常、性格孤僻，他与索菲娅的感情深厚，但也很紧张。

诺亚去了外地上大学，但艾米为了离家近，上了当地的一所大学。现在，她每周至少去父母家吃一次晚饭，她和索菲娅几乎每天都通电话。

从艾米小时候起，她和母亲的许多谈话都是关于索菲娅对诺亚的不满。视不同的日子，索菲娅会因为诺亚不尊重她的态度而生气，会渴望与诺亚有更深的联系，或者不喜欢诺亚的新工作或新女友。多年来，艾米一直满怀同情地倾听索菲娅的抱怨，并提供力所能及的建议。在这些私密的聊天中，她很感激能成为母亲的知心好友。

然而，随着年龄的增长，艾米开始被母亲的挫败感压得喘不过气来。每当索菲娅抱怨诺亚时，艾米就会感到母亲的不悦像钳子一样紧紧地禁锢着她。尽管艾米给了她很多建议，但索菲娅从未改变过自己的行为，也从未直接向诺亚抱怨过。对艾米来说，她们之间的对话开始变得既烦人又没有意义；她希望她和母亲之间的关系能多一点关于她们的，少一点关于诺亚的。随着这些怨恨情绪的出现，艾米意识到她需要一些情感界限，她不再愿意扮演她以前作为倾听者的角色。

讲述关于责任的新故事

作为讨好型的人，我们一生都在迁就、优先考虑、照顾和小心翼翼地对待他人的情感。在内心深处，我们中的很多人都相信：我们有责任让生活中的每个人都感觉良好；如果别人不舒服，我们就不安全；管理好别人的情感，我们就值得他们喜欢；如果我们只关注自己的感受，我们就不可爱。

也许我们和艾米一样，童年时都是看护人的知己、治疗师或倾诉对象，他们过度依赖我们的情感支持。这种家长化的关系可能给我们留下了错误的印象，认为我们必须以牺牲自己的情感为代价来照顾他人的情感。也许我们的看护人有成瘾问题、精神问题或其他困难，为了减轻他们的痛苦，我们戴上了永久的快乐面具，认为我们有责任让他人的心情变好；又或者，我们的看护人情感失调，无法有效地处理自己的压力、悲伤、焦虑或愤怒。琳赛·吉布森（Lindsay Gibson）在她的著作《不被父母控制的人生》（*Adult Children of Emotionally Immature Parents*）中描述了在这样的环境中长大如何导致情感界限缺失或不完善：

情绪化的父母受感情支配，在过度介入和突然退出之间摇摆不定。他们容易出现令人恐惧的不稳定性和不可预测性。他们被焦虑压倒，只能依靠他人来稳定自己。……

他们轻易就会心烦意乱，然后家里的每个人都会争先恐后地安抚他们。……很多这样的父母养育出的孩子学会了屈从于他人的意愿。因为他们从小就预料到父母的情绪会变得暴躁，所以他们会过分关注别人的感受和情绪，这往往对自己不利。

通过这样的经历，我们可能学会了获得安全感的唯一方法就是成为看护人愤怒、焦虑或压力爆发时的灭火器。

当我们打破讨好行为模式时，我们必须认识到，我们的看护人让我们负责管理他们的情感是错误的。从根本上说，孩子们没有责任知道如何让易怒的看护人不那么生气，或者让抑郁的看护人更开朗。他们有意或无意地给我们施加压力，要我们在情感上照顾他们、消除他们的负面情绪或创造家庭和谐，这些都是不公平、不现实或不符合孩子们的年龄特点的。

认识到我们的责任感源于过去不恰当的期望，有助于我们现在重新定位责任感。作为成年人，我们每个人都有责任调节自己的情感。虽然我们可以（也应该）在有能力的时候给予他人支持、同情和善意，但我们并不是他们情感的管理者。他人的情感从根本上说是他们的责任，而我们的情感从根本上说是我们自己的。

艾米花了一些时间来反思自己过去的理念，她惊讶地发现自己对母亲生起了一股莫名的愤怒。她回想起为解决索菲娅和诺亚的麻烦而打电话、吃饭、坐车的所有经历。艾米想象着自己小时候的样子——扎着小辫子，穿着系带运动鞋，等等——认真地听着母亲讲述许多大人关心的问题。她想到她花在照顾母亲的情感上的所有时间，这些时间她母亲本可以花在照顾她的情感上的。

对艾米来说，这种愤怒几乎是一种亵渎，就好像她对母亲的不满是对母亲的背叛。然而，艾米的愤怒是情感分离的一个重要标志：艾米开始意识到她与母亲的关系并没有满足她的需求。

艾米认为："在我的一生中，我一直认为母亲与诺亚的关系是我的责任，我可以凭一己之力修复他们之间的关系，与我交谈是母亲在这个问题上获得支持的唯一途径。现在我正努力相信，母亲与诺亚的关系是她自己的责任，只有她和诺亚才能修复他们之间的关系。她有更合适的选择来获得支持，比如与我父亲聊聊或看心理医生。"

艾米注意到这些新的理念给她带来了多么奇怪和陌生的感觉。她从理智上认识到了它们的准确性，但她的内心仍然觉得要对母亲的情感负责。艾米想："作为一名母亲，她与儿子的关系这么不融洽，她一定很难过。我还是想对她表示关心和同情。"

对艾米来说，就像对我们中的许多人一样，设定情感界限需要她区分同情母亲和为母亲的情感负责这两者之间的区别。

同情与责任

不关心他人的情绪并不是设定情感界限的目的。同情他人的感受是完全健康的：当你所爱的人感到悲伤时，你会感到有点难过，或者为你所爱的人的苦痛挣扎而烦恼。事实上，亲密关系的成功有赖于这种同理心。然而，当我们为他人的情感负责时，问题就出现了。这样一来，他人的感受就开始主宰我们的生活。我们理解自己的感受和需求的能力变得模糊不清。我们感到有义务给予他人支持，而这违反了我们自己的界限。同时，我们发现自己无法作为独立的个体参与到人际关系中。

此外，当我们对他人表示同情时，我们真正关心的是他们的幸福。我们可以感同身受地倾听他们对所处困境的诉说，给予他们善意，并在我们自己的界限和限制范围内给予支持。我们乐于助人，同时也要认识到，最终，他们——而不是我们——才是他们自身情感体验的真正主宰。

当我们基于同情而非责任建立健康的情感界限时，我们就能够给予他人善意、爱和支持，而不会觉得自己有责任改变他人的情感状态；能够见证他人的情感，而不会让它们成为我们的情感；能够在困难时期为他人提供支持而设定限制；能够容忍人际关系中情感状态的差异（例如，即使在伴侣焦虑时也能保持冷静）；能够考虑他人的情感，而不会让它们成为我们做出决定的唯一决定因素。

艾米意识到，在过去，无论她过着什么样的日子——无论她感觉如何——她总是把母亲的情感放在第一位。索菲娅的情感成了艾米的情感。现在回想起来，艾米发现这些倾向不仅仅是对母亲的同情，更是对母亲的责任。从现在起，艾米向自己保证，她将设定界限，把自己的情感与索菲娅的情感分开。

设定情感界限的四个步骤

设定情感界限要求我们认识到为他人情感负责的冲动，创造情感分离，用界限改变我们的行为并记住长远利益。

步骤 1：认识到为他人情感负责的冲动

设定任何界限的第一步是意识到我们需要一个界限。起初，我们可能很难意识到自己想要为他人的情感负责的冲动，因为它主导着我们的许多互动。它就像泳池里的水，当我们身处其中时，我们看不见它。

以下行为是很有帮助的标识，可以让我们注意到自己需要情感界限：

我们试图解决他人的问题

你是否也像艾米一样，试图解决家庭成员之间的矛盾？当你的朋友圈中有人闹矛盾时，你是第一个试图平息事态的人吗？当有人跟你聊自身问题时，你是否觉得你的建议是唯一能让他们摆脱困境的办法？

在我们试图解决他人冲突的努力背后，隐藏着我们对他人处理自身问题和承受自身情绪能力的看法。也许我们卷入其中是因为我们不相信他们能够独立处理问题，也许我们相信我们有最好的解决方案。

我们中的许多人之所以会扮演这种修复者的角色，是因为我们目睹他人的不适时，会从根本上感到不舒服。是的，我们想要帮助他们——但我们也想要消除他们的不适感，因为这种不适感就好像是我们自己的。我们会不遗余力地消除这种不适，即使这意味着在这个过程中会冒犯到他人。

即使我们什么都没做错，我们也会因为内疚而考虑改变自己的行为

我们可能不会做出明智的决定——优先考虑自己的需求、愿望和价值观，而是屈从于内疚感，去做他人希望我们做的事，而这不过是因为他们的不适对我们来说是如此明显、如此不舒服。

六个月来，单亲妈妈玛格特（Margot）第一次计划与闺蜜们共度良宵。她的工作忙得不可开交，急需一个晚上来放松一下，享受朋友们的陪伴。

在她计划外出的那个晚上，玛格特的男朋友布鲁斯（Bruce）问她是否愿意过来。当她解释说和朋友有约时，布鲁斯很失望。他抱怨说："你工作太忙了，我一周只能见你一次。拜托，你就不能改天见你的朋友吗？"

玛格特知道她多么需要这个难得的外出之夜，但布鲁斯的失望让她很不舒服，于是她考虑改变计划。这清楚地表明玛格特需要一个情感界限。

我们在努力求同存异

如果没有情感界限，我们就很难分清我们在哪里结束和他人从哪里开始。尽管处于两个人的关系中，但从根本上讲，我们可能把自己和对方看作一个整体。当一切和谐时，这可能会令人愉快，但当我们没有共同的感受或信念时，这可能会让人深感不安。因为我们将自己和对方视为一个整体，所以我们可能会深深地甚至疯狂地需要在大小问题上达成一致，在这个过程中，我们往往会牺牲自己的感受和意见。

当克雷（Clay）邀请哈莉（Harlley）参加他公司的年会时，他俩已经约会六个月了。他们盛装打扮，与克雷的同事们一起享受美食和美酒，度过了一个愉快的夜晚。在回家的车上，他们手拉着手，回顾了一些他们最喜欢的时刻。克雷问起哈莉对自己同事们的印象。哈莉几乎对她见过的每个人都赞不绝口，但承认她觉得他的同事里克（Rich）有点讨厌。

克雷很惊讶，他不同意哈莉的观点。当他问她为什么这么想时，她给出了几个理由，但克雷并不满意。

"我不这么认为，"克雷反驳道，"他并不讨厌。"

哈莉耸耸肩。"好啦，我就随便一说，"她回答道，"这只是我的看法。翻篇吧。"

克雷很想继续讨论下去。他对哈莉一见倾心，两个人几乎在所有事情上都意见一致，因此他不喜欢两人对里克的看法不一致。不过，这种分歧的风险相对较低。克雷和哈莉不必对每个人、每个想法都有相同的看法。克雷很难做到求同存异，这表明他需要一个更坚定的情感界限。

我们花费太多精力为自己的决定寻求认可

当我们对他人的情感高度敏感时，我们自己的热情、激情或直觉总是不够；我们也需要他人的认可。在做决定时，我们可能会觉得有必要给通讯录中的每一位好友打电话，征求他们的意见。所爱之人的一点点怀疑、不赞成或不同意的迹象都会让我们停下脚步，并让我们质疑我们想要的一切。长期寻求认可表明我们与自己的情感中心脱节，并需要更坚定的分离感。

我们会尽一切努力减轻他人的悲伤、沮丧或焦虑，即使这些行为与我们的价值观不符

当我们缺乏情感界限时，我们就会有消除周围一切不适的冲动，即使这意味着我们的行为违背了自己的最佳利益。这可能表现为：因为不想伤害对方的感情，所以答应了与我们不感兴趣的人的第二次约会；为了缓解紧张氛围，对一个冒犯性的笑话一笑了之；同意帮助同事做一个我们没有时间做的项目；出于内疚或义务，而不是真正的愿望，给某个人或某项事业捐款；因为不想让对方感到被拒绝，所以同意了不想要的性亲密行为（更多内容请参见第十九章）；因为别人为此感到难过而修改了一个重要的界限。

步骤 2：创造情感分离

精神病学家维克多·弗兰克尔（Viktor Frankl）有一句广为流传的名言："在刺激和反应之间有一个空间。这个空间里有我们选择回应的自由和力量。"一旦我们意识到自己有为他人的情感负责的冲动，我们就可以在这一认知和我们以往的习惯性行为之间插入一个空间。在这个暂停期间，我们可以记住自己的情感分离性，并回想作为成年人，我们每个人都有责任感受和管理自己的情感。

记住我们的情感界限就像一个保护性的泡泡，把我们的情感包裹在内，把他人的情感隔离在外，这对我们很有帮助。花点时间想象一下这个泡泡，有助于我们以一种具体的方式内化我们的情感分离性。在激烈地讨论中想象一个泡泡包围着你，可能感觉很傻，但它确实有效！视觉隐喻已经被证明有助于我们理解我们的问题并想象新的解决方案。在需要的时候，我们可以轻松使用它们。

我们的界限泡泡可以有多种形式。考虑一下最能引起你共鸣的意象。你更喜欢一个待在里面让你感到安全的半透明泡泡的形象，还是一个从头到脚包围你全身的闪闪发光的力场，或是一座坚固的、周围环绕着护城河的城堡，抑或是在你周围的地面上画的一个醒目的圆圈？

我们可能会发现，在想象的同时配合简单的口头禅很有帮助，比如"我们是两个独立的个体""我在我的泡泡里很平静""那不属于我""他们的情感不能穿透我的泡泡"或"只有我的泡泡才是我的责任"。

我们还可以在进入我们知道会有充满情感的情境之前，主动想象我们的泡泡以加强我们的情感。这种想象的情境包括：可在我们回家过节前，因为在过节时我们往往会承受父母的压力；也可以在和朋友喝咖啡前，因为朋友总是会有某种情绪上的突发状况；还可以在和伴侣解决纷争前，或者在进入困难的职场会议前。

下次索菲娅打电话向艾米抱怨诺亚的时候，艾米会停下来，想象有一个闪闪发光的泡泡包围着她。这个泡泡就是艾米的空间，只属于她一个人。在泡泡里，她很平静。她能听到妈妈的话，但这些话并不能穿透她的泡泡。她想象这些话就像雨滴落在屋顶上一样，只是落在她的泡泡上，然后慢慢落下。这种想象有助于提醒艾米，面对母亲的不适要保持自我。

采取休息时间也能帮助我们记住我们的情感分离性。如果我们发现自己处于一个具有挑战性的互动中，从而触发了我们的责任感，我们应该停下来——如果可能的话，走开。我们可以花十分钟时间离开互动，找一个安静的空间独处，做一系列深呼吸，并注意我们身体中感觉的变化。从他人的情绪中短暂抽离，能让我们重新与自己建立联系，并为我们自己的情感现实而存在。

步骤 3：用界限改变我们的行为

一旦我们创造了情感空间，就该对我们眼前的情况做出反应。过去，我们会强加建议、试图解决他人的问题、卷入他人的冲突或尽我们所能来缓解他人的愤怒、沮丧、焦虑或内疚。现在，我们致力于以新的方式应对。这种新的应对方式通常采取内部界限或外部界限的形式。如果只有我们期望自己为他人的情感负责，那么内部界限就是我们需要的。但是，如果别人期望我们替他们管理、解决或修复他们的情感，我们也需要与他们设定一个界限。

设定内部界限

从根本上说，情感界限是内部界限：我们向自己承诺，不再试图修复、解决或管理他人的感受。内部情感界限看起来就像下面这样的。

黛博拉（Deborah）

黛博拉和女儿佩玛（Pema）感情很好。佩玛正在外地上大学一年级，当她打电话给黛博拉并分享她面临的挑战时——比如决定加入哪个运动队和应对繁重的课业——黛博拉立马进入了解决问题的模式。佩玛告诉妈妈，她觉得这很令人沮丧：她希望妈妈能够简单地换位思考并倾听，而不是立即提供解决方案。在这种情况下，黛博拉需要一个内部界限，因为只有她自己希望为佩玛的问题承担责任。她需要克制解决问题的冲动。

黛博拉的内部界限可能是："我不会主动为佩玛的问题提供解决方案。我只会简单地倾听并表示同情。如果佩玛征求我的意见，我会提供。"

西耶娜（Sienna）

大学生西耶娜与男友布拉德（Brad）已经交往了六个月。西耶娜准备去法国留学一个学期，虽然布拉德一直很支持她，但他很难过他们要分开这么久。目睹他的悲伤对她来说是一种挑战——如此具有挑战性，以至于她一直在考虑取消行程。

西耶娜需要一个内部界限，因为就像黛博拉一样，她是唯一一个期望自己"解决"布拉德不适的人。她希望能更好地优先考虑自己的目标和梦想，即使这些目标和梦想与她周围的那些并不完全一致。

西耶娜的内部界限可能是："我要追求自己的梦想，即使我知道布拉德会想念我"或者"我会保持对自己这学期出国的兴奋感"。

之前和之后

当我们设定内部界限时，我们就在改变我们自己的期望和行为。在实践中，这可能是这样的：

设定内部界限之前	设定内部界限之后
为所爱之人的问题提供解决方案	同情地倾听他们的问题，并肯定他们处理问题的能力
为了让讲笑话的人感到更舒服而对一个冒犯性的笑话一笑了之	让玩笑在沉默中结束
因为内疚而改变自己的行为	坚持到底，并在内心肯定自己的选择
为了让别人理解你的观点而争论不休	允许谈话结束，对自己的观点充满信心，并认可求同存异

设定与他人的界限

当别人期望我们为他们管理、解决或修复他们的情绪时，我们可以设定一个外部界限，提醒他们我们不再愿意扮演这样的角色。如果我们不再提供之前的支持，那么外部界限也可能会有帮助。

克洛伊（Chloe）相恋多年的男友本（Ben）因为和老板关系不和，经常带着压力下班回家。每天吃晚饭时，本都会请克洛伊帮他分析他们之间的谈话。"我该怎么处理这件事？"他问她，"我该说什么？"

有一段时间，克洛伊很乐意帮忙，但这样的情况变得如此频繁，以至于她感到沮丧和反感。她不再愿意参与这种日常的问题解决。她可能会对本说："我很抱歉你在工作上遇到了这么多困难。我很想支持你，但每天谈论你的老板真让我受不了。我很乐意每周和你谈一次，但不是每天。"她也可能会说："本，我很遗憾你在工作中遇到这种情况。我不能给你任何解决方法，但我很乐意倾听。"

海尔格（Helga）

40 岁的海尔格经常和父母在市中心共进晚餐。海尔格的父亲吉恩（Gene）是个脾气暴躁、乖戾的家伙。无论他们选择哪家餐厅，吉恩都能找到抱怨的理由，而且声音很大。海尔格和她的母亲艾丽（Elly）觉得她们应该为吉恩的无礼负责，并替他向餐厅员工道歉。

最近，海尔格一直在努力设定情感界限。她发现父亲的行为让她很尴尬，她不愿意再做和事佬。下次再发生这种情况时，她就会注意到自己的不适——想象自己在界限泡泡里——然后设定一个外部界限："爸爸，当你指责服务员时，我觉得很尴尬。这让我觉得很无礼，也让我们的晚餐气氛变得紧张。如果再这样下去，我就不愿意和你坐在这里了。"

如果吉恩还不罢休，海尔格就可以离开餐厅回家，或者干脆不参加家庭聚餐。

相同的情况，不同的界限

有些情况可以通过内部界限或外部界限来解决；选择权在我们手中。在这些情况下，我们可以决定是我们发现对方的行为如此令人苦恼，以至于我们需要让自己远离，还是我们觉得自己有

能力与对方的行为拉开足够的情感距离，以至于待在他们周围不会对我们产生太深的影响。

下面的例子说明了内部界限和外部界限如何适用于同一种情况。

奥特姆（Autumn）

奥特姆和丈夫杰夫（Jeff）是 29 岁科林（Colin）的父母。科林已经断断续续吸毒五年了，这给家庭带来了巨大的压力。一天晚上，奥特姆和杰夫发现科林在他们的卧室偷钱。他们一筹莫展，于是给了科林一个选择：要么被起诉，要么去为期六周的戒毒所戒毒（奥特姆和杰夫出钱）。

科林已经在戒毒所待了两周。他每天都给奥特姆打电话，疯狂地道歉、抱怨他的同伴、求她带他回家。看到他那么痛苦，奥特姆很难过，但她强烈地认为他需要待在戒毒所。

对奥特姆来说，脆弱的情感界限就是把科林从戒毒所中带回来，因为他的不适让她很不舒服。相反，她可以通过以下方式来设定内部界限：同情地倾听科林的抱怨；提醒科林她对他的爱；不同意科林提出的离开要求，从而维持自己的界限；在科林打电话后进行自我安抚。她还可以设定一个外部界限，告诉科林她必须挂断电话，因为她觉得每天听他的这些恳求太让人痛苦了。

在这两种情况下，奥特姆都拒绝让科林离开戒毒所，从而维持了自己的界限。通过内部界限，她留在互动中，但建立起了内在的情感距离；通过外部界限，她离开互动，建立起了情感距离。

克莱奥（Cleo）

24 岁的克莱奥离开了她在堪萨斯州的家乡，来到纽约开启新的职业生涯。她和母亲辛迪（Cindy）关系很好，克莱奥搬走后，辛迪伤心欲绝。她们每天都通电话，辛迪在结束通话时，总是试图让克莱奥感到内疚而搬回家住。

对克莱奥来说，脆弱的情感界限看起来就像是为远离而道歉，并计划立即回家，即使这并不方便。相反，她可以通过同意辛迪的距离很远很不容易的观点提醒母亲她离开的重要性，并在出现内疚感时转移话题来设定一个内部界限。或者，她可以通过说"妈妈，这次搬家对我们俩来说都是一个艰难的转变。内疚感让我更难做出这个艰难的决定。如果每次和你通话都以这种方式结束，我将无法像以前那样经常通话"来设定一个外部界限。

同样，在这两种界限情景中，克莱奥都没有急于修复母亲的情绪，从而维持了自己的界限。在内部界限中，她继续通话，但不参与她认为令人沮丧的方面；在外部界限中，她告诉母亲，如果母亲继续让她有负疚感，她会减少与她通话。

重新审视艾米

一天早上，索菲娅打电话告诉艾米一个消息。索菲娅原本计划着去看望诺亚，但在前一天，他打电话让她取消行程，显然是由他工作的最后期限引起的。这已经不是他第一次在最后一刻取消探望了，索菲娅伤心欲绝。她向艾米倾诉了自己的失望，因为诺亚似乎不想和她亲近。

当艾米发现母亲沮丧时，她很想提供建议并卷入这场冲突，但随后她又想起这是一个情感界限的路标。她花了一点时间回想自己的界限泡泡在她周围闪烁着自我保护的光芒。然后，艾米温和地对母亲说："听说他取消了你的行程，我很难过；这太令人沮丧了。这其实让我想起了一些事，我一直想和你谈谈。"

"哦，好的，亲爱的，"索菲娅说，"怎么回事？"

艾米深吸一口气，承认她心中感到一阵恐惧。她勇敢地继续说道："好吧。这对我来说有点难以启齿。"她声音有些颤抖地说道："但我想告诉你，我不想听到你对我发泄对诺亚的不满。这让我觉得我被夹在两个我真正关心的人中间。我爱你，妈妈，我想帮你，但我觉得我们最好还是聊聊别的事情。"

艾米意识到，当她说完话时，她的手在颤抖。她的心怦怦直跳，如同在耳边响起。电话那头沉默的时间比她预料的要长。

"妈妈？"艾米终于开口问道，"你还在听吗？"

"对不起，亲爱的。"索菲娅回答道。她的声音听起来很遥远。"我……我没想到会让你夹在中间这么为难。在我们的谈话中，你总是帮我出主意。我没想到会伤害到你。"

听到母亲的回答，艾米心痛不已。她最不希望的就是索菲娅在已经为诺亚感到痛苦的基础上痛上加痛了。但艾米忍住了为母亲的情绪负责的冲动。

相反，艾米轻声回答道："我理解，妈妈。我想我也是直到最近才意识到这一点。我知道您不是故意的。"

艾米觉察出母亲很慌乱，但她尽力不表现出来。她们很快就结束了通话，像往常一样用"我爱你"结束了通话，艾米感到既沉重又内疚。她害怕自己伤害了母亲。艾米尽全力不去重新拨通索菲娅的电话，不收回她的界限，并且不让自己为母亲需要的任何事情做好准备。

步骤 4：记住长远利益

正如艾米的故事所示，情感界限——尤其是那些打破过度付出的界限——可能很难设定。事后，我们可能会担心自己伤害了我们所爱的人，并感到内疚。在这些时刻，我们可以通过记住这些情感界限将如何长期对我们自己、他人以及我们的整体关系有益来坚持自己的立场。

我们可以反思：过去我为他们的情感负责，我失去了什么（从情感上、精神上、经济上、精力上来看）？我是如何因为对他们的情感过度负责而忽视了对自己负责？如果我不对他们的情感负责，他们可能会如何成长或发展出更强的独立性？如果我不对他们的情感负责，短期或长期可能会有什么积极的结果？随着时间的推移，我们的关系可能会如何从这些情感界限中受益？

在艾米与母亲艰难地通话之后，她反思了这些问题，得出了一些令人欣慰的结论。

首先，她意识到自己的新界限可能会鼓励索菲娅找到更好、更合适的方法来处理她的挫败感。也许索菲娅会更多地与丈夫交流，也许她会直接向诺亚表达她的挫败感。事实上，艾米的缺席可能会成为索菲娅成长所需的动力。

艾米还希望，从长远来看，这种界限最终会有利于她与母亲的关系。日常谈话中不再谈论诺亚，艾米想象她们可能会有更多愉快的事情可以讨论。艾米很想告诉索菲娅更多关于她的工作和朋友的事情，她也很想听听索菲娅的许多爱好。这些对话将建立起一种亲密关系，这种关系不是建立在抱怨的基础上，而是建立在彼此的兴趣和好奇心的基础上。艾米把这些想法写在日记里，当她需要增强对自己情感界限的信心时，她就会重温这些。

在接下来的几周里，艾米和索菲娅继续定期通话和见面。有一段时间，她们感觉很尴尬。艾米可以看出她的母亲在尽力尊重她的界限，甚至艾米也不得不克制住询问诺亚近况的冲动。有时，她们的谈话会陷入从未有过的冷场——由于诺亚现在不再是聊天的话题，艾米和母亲不知道该聊些什么。意识到了这个问题，艾

米温柔地打破了沉默，跟妈妈讲了关于她朋友的故事，并问了问索菲娅的情况。

一次又一次的通话，一次又一次的见面，在几个月的时间里，两个人建立了一种新的互动方式。慢慢地，谈话中的尴尬气氛消失了。艾米注意到，由于有了新的界限，她积攒的怨恨和沮丧已经消失了。

她们依然是母女——依然会有冲突、分歧和争吵——但艾米不再像以前那样感到有负担。没有了责任，她觉得能以一种更真实、更愉快的方式与母亲沟通。艾米仍然希望母亲与诺亚的关系有所改善，但最终，她知道无论如何，这都不是她所能控制的。

这是一个过程

请记住，设定情感界限是一个过程，而不是终点。随着时间的推移、不断试错以及对这一过程的专注，我们的情感界限泡泡会变得坚固而清晰：一种保护我们安全的力量。我们不再因对他人的内疚感而受羁绊，不再因他人的冲突而内心不安。最后，我们可以给我们自己的情感提供一直需要的关怀和关注。

第十二章
我们能控制和不能控制的事情

讨好型的人往往与控制有着相反的关系。正如我在上一章中指出的，讨好型的人花了太多精力试图控制他人的行为和情感，却很少为自己的需求和界限负责。在本章中，我们将研究讨好型的人与控制之间的反向关系；区分影响他人与控制他人；探讨如何通过向内聚焦来重新获得我们的力量；讨论如何接受最终我们无法控制他人这一艰难但令人解脱和自由的真相。

贾里德（Jared）的故事

在一个周日吃早餐时，贾里德三年的伴侣威廉（William）说，他在他们的关系中并不快乐，而且已经有一段时间了。这一刻，时间对贾里德来说仿佛停止了。餐具相碰的声音似乎在远处，贾里德的心跳在加速。"好吧，"贾里德慢慢地说，"我们来谈谈如何解决这个问题吧。我以前提过，但我觉得夫妻治疗可能对我们有帮助。"

"我不想接受夫妻治疗，也不想为此付出努力。"威廉耸耸肩回答道。这些天，每当谈起他们的关系，威廉的反应都很冷漠。

在一起的三年里，他们有过无数次争吵，从午夜吵到日出。威廉以前吵完后会想办法和好，但在过去的一年里，他变得痛苦而疏离。与此同时，贾里德却全身心地投入到他们的关系中，试图打破威廉的沉默，敦促他关心自己。

贾里德意识到她有选择权。表面上她可以最终相信威廉的话，接受他不愿寻找前进道路的态度，也可以继续尝试独自修复他们破碎的关系。贾里德非常害怕失去威廉，她选择了后者。从那天晚上开始，她就抱着床头的一摞恋爱书籍入睡。她给威廉买奢侈的礼物，请他吃高级的晚餐。在治疗中，贾里德谈到威廉的家族史和威廉对亲密关系的恐惧，她希望学会如何让威廉重新在乎自己。尽管威廉对贾里德冷淡疏远，但贾里德并没有表达任何不满，而是试图创造一个完美平和的环境，让威廉学会重新爱她。

贾里德花了两个月的漫长时间试图扮演上帝的角色，她确信自己的方法会让威廉的心中重新燃起爱火。但当威廉最终彻底结束他们的关系时，贾里德意识到她那些一切尽在掌握的想法都是错觉。

如果有人问贾里德一直在做什么，答案一定很简单："我在努力挽救我的感情。"但事实上，贾里德是在试图控制她无法控制的事情：威廉的行为、感情和改变的意愿。

讨好行为是一种错位的控制

陷入讨好行为模式，我们就会失去我们自己的主体能动性。我们不是在自己的力量范围内行事——通过满足我们自己的需求，设定围绕我们愿意接受和不愿意接受的事物的清晰界限，并尊重我们自己的界限——相反，我们超越我们自己，试图控制环境并把他人改变成满足我们需求的样子。

讨好型的人试图控制他人和环境的尝试通常分为三类。我们通过讨好他人、改变形象、隐藏我们的伤害和需求以及避免冲突以获得他人的喜欢来微观管理他人对我们的体验；通过强加建议、使他人免受他们自己行为的负面影响、卷入他人的冲突以及推动他人朝着我们喜欢的行动方案前进，使我们过度介入他人的决定、行动和关系；通过反复提出不被重视的相同请求，拒绝承认他人不愿改变的事实，并试图说服他人采取他们已经拒绝的行动方案来无视他人的限制和界限。

明确我们的控制范围

归根结底，我们每个人都能控制：

- 我们的行动。
- 我们的反应。
- 我们的界限。
- 我们与谁建立关系。
- 我们与谁保持关系。
- 我们选择治愈还是成长。
- 我们与谁共度时光以及共度时光的长短。
- 我们与谁交流以及交流的频率。

我们无法控制：

- 他人的行动。
- 他人的界限。
- 他人对我们界限的反应。

- 他人的情感。
- 他人选择治愈还是成长。
- 他人的人际关系。
- 他人的成瘾行为或强迫行为。

许多讨好型的人花费大量精力试图控制第二张清单上的内容，却忽略了第一张清单上的内容。就像贾里德一样，我们不是如实地评估他人的行为、情感或决定其是否适合我们，并据此设定界限，而是试图改变他们的行为、情感和决定。当我们试图以这种方式控制他人时，我们并没有活在自己的力量范围内。

我们可能试图通过以下方式来控制他人的行为：提供强加的建议；使用被动攻击性（passive-aggressive）的暗示来让他人满足我们未言明的需求（如嘟嘴、大声叹气或讽刺）；反复提出相同的请求，即使他们没有表现出改变的兴趣。

我们可能会试图控制他人的情感，比如：假装开心或热情，以免"破坏气氛"；保持沉默，而不是表达自己受到的伤害；试图"修复"他人的负面情绪；对自己的身份和感受撒谎，以获得他人的喜爱或钦佩。

尽管别人表示不感兴趣，但我们可能会通过给他们送资源来试图控制他们的不良行为；反复让他们免于承担自己行为的负面后果；当他们自己不愿意承认的时候，试图让他们相信自己有问题；用我们无意执行的最后通牒来威胁他们（例如，"如果你不戒酒，我就离开你"或"如果你不解决你的愤怒问题，我就不会和你在一起"）。

最后，我们可能会通过做和事佬、中间人或调解人试图控制他人的关系，将自己卷入与我们无关的冲突中。

影响与控制

希望在一定程度上影响我们与他人的关系是正常的——但影响和控制是有区别的。

影响是指表达我们的想法、意见和要求，同时也确保我们尊重他人的界限和限制、接受他人愿意改变的程度，并且承认他人做决定是他们自己的事情。

而控制则是在他人不愿意或不感兴趣的情况下，强迫他们做出改变；即使他们不想要同样的结果，但打着为他们好的旗号，我们也要把自己想要的结果放在首位；隐藏关于我们是谁以及我们需要什么的重要信息来影响他们做决定；相信他们最终决定做什么取决于我们。

要评估你的行为是影响还是控制，你可以问自己一些问题。如果回答"是"，则表明你的行为正在转向控制：他们是否表示不愿意改变，而我却在继续迫使他们改变？我是否在试图改变他们的行为或情绪，好让我不必面对他们无法满足我的需求这一事实？我的"帮助"是否妨碍了他们的自主或自由选择？他们是否要求我停止以这种方式"帮助"和"支持"他们？在试图改变他们的过程中，我是否压制、压抑或忽视了自己的感受、需求和愿望？我相信我能独自决定这种情况的结果吗？

在我的研讨会上，与会者经常会问："我的朋友一直不尊重我设定的界限。我怎样才能让她认真对待这些界限？""我爸爸多年来一直对我不好。我告诉他这对我的伤害有多大，但他还是继续这样做。我怎样才能让他停下来？""我妻子有酗酒问题。她坚持说她会去寻求帮助，但她从来没有这样做过。已经五年了。我怎样才能让她明白她的问题有多严重？"

在上述每个案例中，人们都在问："我怎样才能改变别人？"答案是："你不能。"我们可以向他人提出建议和要求，但如果他们不愿意，我们就无法让他们尊重我们的界限。我们无法让他们善待我们。我们无法让他们为自己的成瘾寻求治疗。尤其是当我们一生都在控制的错觉中寻求庇护时，估算我们力量的极限会让我们痛苦不堪。但是，通过放弃这种错觉，我们最终可以专注于我们可以控制的东西：我们自己。

练习：失控清单

根据我们到目前为止所讨论的内容，列出一份你一直试图控制但无法控制的事情清单。尽可能具体。

贾里德的失控清单包括：在我们的关系中，我无法控制威廉不开心。我无法控制他是否努力改善我们的关系。我无法控制他是否给予我所需要的爱和关怀。我无法控制他是否愿意接受夫妻治疗。

生活在我们的控制范围内

最终，我们控制他人的多次失败尝试让我们感到精疲力竭、束手无策。我们需要一种新的方法。幸运的是，有一条简单的途径可以让我们重新获得力量：对我们可以控制的事情负责，并将我们的精力重新引导到我们能够控制的事情上。

我们要对自己的需求负责，可以通过：承认这些需求，并采取措施去满足它们；直接说出我们的需求，而不是指望别人能读懂我们的需求；向别人提出要求；即使别人不能满足我们的需求，也要尊重我们需求的合理性；诚实地面对我们自己，了解我们的人际关系是否满足了我们的需求，并相应地在这些关系中设定界限。

我们通过做自己想做或需要做的事，而不是别人期望我们做的事，并且根据自己的价值观而不是别人的判断和内疚感采取行动，从而对自己的行为负责。

我们通过以下方式对自己的界限负责：承认自己的需求没有得到满足；为自己设定界限以停止过度付出；在那些已经表明无法满足我们需求的关系中留出空间、距离或时间。

我们通过以下方式对自己的康复负责：为自己的心理健康寻求支持；打破讨好行为模式；用为什么我们会被那些不能满足我们基本需求的人际关系吸引或留在其中的相关分析，取代我们对他人情绪无能、回避或自恋的过度分析。

最后，我们通过以下方式对自己的人际关系负责：分析自己在失衡的人际关系中扮演的角色；对自己的人际关系是否满足自己的需求持现实态度；拒绝建立片面、失衡或不健康的联系；通过设定界限，使我们能够在自己感到安全和舒适的范围内参与人际关系。

练习：可控清单

针对失控清单中的每一项，确定你可以如何调整自己的精力，并且将精力集中在你能控制的事情上：你自己的需求、行动、界限、康复和人际关系。

贾里德将她无法控制的事情与她可以控制的事情进行了对比。她写道：

我无法控制威廉在我们的关系中不开心，但我可以控制我围绕他不开心的事实管理自己的情感，以及在这段困难时期我如何从朋友和家人那里寻求支持。

我无法控制威廉不想改善我们的关系的事实，但我可以控制在这种情况下我是否愿意继续在一起。我也可以控制自己是否通过治疗来了解自己为什么会如此渴望与一个不愿意维持关系的人继续交往。

我无法控制威廉没有给我所需要的爱和关怀，但我可以控制自己是否选择和一个没有给我所需要的爱和关心的伴侣在一起。

我无法控制威廉对夫妻治疗不感兴趣，但我可以控制我是否为了讨好行为而去治疗。

通过放弃寻找力量

作家伊丽莎白·吉尔伯特（Elizabeth Gilbert）说："你害怕放弃，因为你不想失去控制——但你从未控制过。你有的只是焦虑。"一开始，放弃控制的想法可能会让人感到恐惧、害怕。但事实是我们从未控制过他人的行为和情感，我们只是认为自己做到了。通过释放这种错觉，我们直面现实。我们不再被一厢情愿的想法或绝望的希望蒙蔽，并且以清晰的眼光开始直面现实。十二步计划团体在他们的宁静祷告中明确地指出了这一点："上天，请赐予我宁静，让我接受我无法改变的事情；请赐予我勇气，让我改变我可以改变的事情；请赐予我智慧去分辨这两者的不同。"

当我们开始在自己的控制范围内生活时，一种平和的感觉会伴随着我们。我们不再感到因试图控制我们无法控制的事情而不可避免地产生的挫败感。我们放下心计、放下提线木偶，不再试图解决不可能解决的问题。我们意识到，我们不必焦急地等待，看看这一次，别人是否会最终改变。我们不再乞求他人选择我们。相反，我们第一次选择了自己，肯定自己："你值得。我看到了你的需求。它们会得到满足。"这是我们获得真正力量的方式。这是打破讨好行为模式的关键——也是感觉我们的生活属于我们的关键。

第十三章
压迫如何使我们保持沉默

对于那些被社会压迫力量剥夺了权利的人来说，自我倡导尤其困难。种族主义、性别歧视、能力歧视、跨性别恐惧、性少数群体恐惧和贫困造成了这样一种状况，即为自己说话可能会面临歧视、骚扰甚至暴力的风险。对于边缘化人群来说，设定界限可能会让他们感到不舒服，甚至可能带来直接的危险。

例如，经济能力有限的人可能无力离开有害的工作场所去另谋高就。变性人可能会因为害怕受到当权者的进一步骚扰而不敢举报骚扰行为。在婚姻中受虐方可能会因为害怕遭到报复而不敢与配偶设定界限。

在这种情况下，讨好行为实际上是一种生存策略：一种在不平等、压迫和可能的暴力面前保持安全的方式。当保持沉默等同于不受伤害时，鼓励"做真实的自己"和"设定界限"可能听起来很空洞。善意的建议旨在增强人们的能力，但由于忽视了边缘化群体对安全的担忧，结果可能适得其反。

在本章中，我们将探讨边缘化群体更有可能面临的各种压力：不惜一切代价保持礼貌；因做真实的自我而承受负面影响；因其身份而被漠视界限，以及在自我倡导过程中拥有较少的社会支持。

我们还将探索短期策略来帮助减轻面对压迫时的不适感，以及长期策略来消除造成这种不适感的压迫体系。

这一章并不旨在解决所提到的不公正问题，这是任何一本书都不可能做到的！然而，它确实旨在帮助我们认识到系统性力量是如何将讨好行为模式强加于我们的生活的。通过认识到我们的身份是如何促成或阻碍我们为自己倡导的使命，我们不仅获得了更多的自我意识，也获得了更多的自我同情。

经济限制

当有人不尊重我们的界限时，有时我们唯一的选择就是尽一切努力离开他们所在的环境。然而，经济上的拮据可能会让我们难以或无法离开某些环境，尤其是工作环境或家庭环境。

以斯拉（Ezra）是一位父亲，养育着五口之家。他高中学历，住在农村，找不到什么好工作，已经在同一家公司工作了30年。新来的经理粗鲁无礼，对他很是看不起，他很想离职，但附近的其他工作很少。他负担不起辞职的代价，因为他的家人要靠他每月的工资生活。

亨利（Henry）和琳娜（Leanna）是一对已婚夫妇，有两个孩子，其中一个患有先天性脑瘫，需要在家接受细心的护理。琳娜工作养家，而亨利则全职照顾他们的孩子。亨利对自己的婚姻很不满意，觉得琳娜冷漠而挑剔，但他知道离婚——生活在两个不同的家庭中——会让他几乎不可能维持孩子们的生活质量。

亨利和以斯拉的经济状况使他们需要在自己的生活质量和家庭经济安全之间做出选择。没有财务安全网——资产、银行存款、健康保险或家族世代财富的积累——像亨利和以斯拉这样的人很难自由地过渡到新的职场或人际关系中。

虐待

有时，处于受虐环境中的人可以通过离开来设定界限。然而，对许多人来说，这并不是一个可行的选择。有些人在经济上依赖于施虐者，因此几乎不可能安全地摆脱这种关系；有些人，包括一些残疾人，依赖施虐者的照顾和身体支持；有些人与施虐者共育子女，可能没有资源独自养家；还有一些人，尤其是那些在孩童时期遭受过虐待的人，可能根本就没有意识到施虐者的行为是虐待。

即使没有经济或身体上的限制，许多人也会被施虐者操纵、恐吓、威胁或身体伤害，从而陷入到有害的环境中。通常，设定界限只会招致更多的虐待。在这种情况下，避免冲突、保持沉默、安抚施虐者可能会增加受虐者保持安全的机会。

种族歧视

种族刻板印象创造了一种条件，使人们的情感、需求和不满因其种族而被漠视。对黑人男性来说，任何沮丧或恼怒的表现都有可能被贴上"愤怒的黑人"的标签，这种刻板印象非常普遍，已经成为我们文化中的流行语。黑人女性也经常被描述为天生争强好胜。研究表明，当白人女性生气时，她的愤怒更有可能被归因于某种诱因，但当黑人女性生气时，她的愤怒更有可能被视为一种基本的人格特质。与此同时，拉丁裔女性常常被冠以"辛辣拉丁"的刻板印象，被认为喜怒无常、过于情绪化。这些只是种族偏见的一些例子，它们将有色人种限制在极其狭窄的"适当"自我表达的窗口内。

在工作场所，这些窗口甚至更加狭窄。有色人种往往有隐藏身份的压力：调整他们自然的服装、发型、言谈举止，以便更好地融入他们的工作环境。隐藏身份可能会减少刻板印象，增加职业晋升的可能性，但代价也很大。研究表明，长期隐藏身份会导致职业倦怠、工作表现下降和情感疲劳。对于有色人种来说，尤其是在白人占主导地位的社区、职场或政治体系中的有色人种，真实的自我表达往往以情感、身体或经济安全为代价。

性别歧视

敢于发声并设定界限的女性往往会遭到一系列性别歧视的刻板印象的攻击：她们被说成专横跋扈的、泼妇般的、过于情绪化的、没女人味的、过度敏感的、事多的、黏人的、要求过多的、唠叨的。这些侮辱旨在让女性觉得自己在某些方面（或各个方面）太过分了，而她们唯一合适的回应就是变得更讨人喜欢、更顺从、更沉默——换句话说，不要那么像她们自己。

在工作场所，系统化的性别歧视使女性更难表达自己的观点和进行自我倡导。研究表明，女性比男性更容易被男同事打断，她们的判断也更容易受到质疑。与此同时，女性中的特殊人群的能力受到挑战或削弱的概率要远远高于正常女性。解决这些不平等问题的女性——或者继续说出自己想法的女性——往往会遭到报复。例如，那些声称工作中受到性骚扰的女性，既不太可能得到晋升，也更有可能被同事认为道德水平较低、不够热情、社交能力较差。当职场自我倡导需要付出如此高昂的代价时，难怪许多女性会选择保持沉默。

这些性别歧视的双重标准从职场延伸到了家庭。研究表明，与男性伴侣和家庭成员相比，女性承担了更多的心理负担：像预测需求、确定满足需求的选择、做出决定和监督进展等工作。当女性要求她们的男性伴侣承担更多责任时，她们通常会被贴上"唠叨"的标签，并被批评要求过分。这样一来，许多女性就必须在默默承担不平等的负担和因要求公平而受到惩罚之间做出选择。索瑞雅·切玛莉（Soraya Chemaly）在《怒火造就了她》（*Rage Becomes Her*）一书中写道："反对不公平或不公正的女孩往往会遭到嘲笑和奚落。成年女性被描述为'过于敏感'或'夸大其词'……女性对负面反应的预期是许多女性对自己的需求、愿望和感受保持沉默的原因。"试想一下，如果小女孩们被教导要设定界限像被教导要有礼貌一样普遍，那么这个世界将会变得多么不同。

性别、性和关系污名

对于性少数群体和非一夫一妻制的人来说，偏见和暴力威胁构成了强大的自我表达障碍。自 2020 年以来，针对性少数群体的歧视急剧上升。在美国的司法系统中，针对性少数群体歧视的保护措施正在被废除，同时还提出了使歧视合法化、禁止同性婚姻、禁止拯救生命的医疗护理的新法案。令人震惊的是，美国 70% 的性少数群体表示曾遭受歧视。75% 的跨性别者表示在工作场所遭受过某种形式的歧视，如拒绝雇用、骚扰、侵犯隐私和身体暴力。对于性少数群体来说，真实的自我表达不是一种权利，而是一种特权。当面临失业、言语骚扰或身体暴力等风险时，选择以牺牲自己为代价来让他人感到舒适，可能会让性少数群体觉得安全，或者说是唯一的做法。

与此同时，有非一夫一妻制关系的人却面临着社会污蔑，使他们无法真实地表达自己的关系取向。尽管近年来非一夫一妻制关系在美国越来越受欢迎——2016 年的一项研究发现，大约 1/5 的美国人曾有过非一夫一妻制关系——但研究表明，非一夫一妻制者经常面临社会的抵制，朋友、家人和社会群体的排斥，甚至在暴露非一夫一妻制身份后失去工作。为了避免受到伤害，非一夫一妻制的人声称，他们故意选择不纠正那些错误地认为他们是一夫一妻制者的人，或者把他们的多个伴侣称为"朋友"以确保他们的安全。

神经歧视

神经歧视是指对神经多样性人群的不公平对待，这些人的大脑处理、学习或行为被认为与"正常人"是不同的。"神经多样性"是一个总称，包括从自闭症谱系障碍到多动症的各种情况。

为了维持他们的工作、社会关系和社区地位，神经多样性人群常常因为感到压力而选择掩饰自己的情况：隐藏自己的某些方面，遵从神经典型的互动方式。神经多样性人群可能会通过以不符合他们本性的方式与他人互动来进行社交掩饰，比如：眼神交流、模仿他人的肢体语言或假装听懂对话；通过克制烦躁或刺激的冲动来进行行为掩饰；通过额外花费时间完成任务来过度补偿，从而掩盖他们正在努力的事实。最重要的是，掩饰往往涉及压抑自己的需求和偏好以确保社会归属感。

在 2017 年一项关于掩饰效果的研究中，一位参与者解释说："这太累人了！我觉得有必要独处，这样我就能'做自己'，而不必考虑别人是如何看待我的。"另一位参与者写道："我感到难过，因为我觉得我没有真正与其他人建立联系。这让我变得非常孤独，因为即使和其他人在一起，我也觉得自己只是在扮演一个角色。"多年来，掩饰的副作用可能包括焦虑、抑郁、疲劳、压力以及自杀风险的增加。然而，对于许多神经多样性的人来说，掩饰是融入这个世界的代价。

集体主义

正如我们在第一章中看到的，集体主义文化往往强调一致性、社会和谐和忠诚，鼓励成员将群体的需求置于个人需求之上。在集体主义文化中，那些主张自己的需求或设定界限的人——这两种行为都会对整个群体造成破坏——可能会面临来自同侪和家人的评判和蔑视。例如，在集体主义文化中，决定与一个专横的父母保持距离并不被看成一种界限：它通常被视为对家庭的反抗和对文化规范的扰乱。

那些从集体主义文化背景下移民到崇尚个人主义文化背景的人——或者那些由第一代移民抚养长大的人——通常都在努力调和其本国文化与新文化的价值观。个人主义文化注重自我、自主和界限，而集体主义文化则注重社区、团结和奉献。在尊重自我还是尊重集体的压力下，自我倡导尤其具有挑战性。

寻找解决方案

虽然我们无法单独解决这些系统性问题，但系统性变革可以从个人意识开始。对于上述每个类别，我们都可以问自己以下问题：

- 我的身份（种族、性别、性取向等）在多大程度上影响我自在地主张自己的需求并与他人设定界限？
- 我的感受、需求或界限是如何因为我的身份而被忽视的？
- 我在哪些方面因为自己的需求与我的文化标准不符而受到评判或歧视？
- 我从我的文化中接收到了哪些关于界限的信息，特别是关于我有能力远离对我不好的人或与他们保持距离的信息？
- 我在哪些方面有意或无意地忽视、否定或评判了他人基于其身份的需求、愿望或界限？

通过反思这些问题，我们能更好地理解压迫体系如何影响我们的自我倡导尝试，并开始解决我们如何在不知不觉中为他人延续这些体系的问题。

有时，压抑的环境让人们别无选择，只能将安全置于自我倡导之上。在这种情况下，解决策略有两个：我们可以考虑减轻不适的短期策略和根除导致不适的压迫性体系的长期策略。

短期缓解不适

当我们无法离开有害的环境，或者因为害怕报复而无法进行自我倡导时，我们可以想办法让当下变得更容易承受，从而照顾好自己。面对不公正的环境，我们可以首先采取应对策略，尽可能地减少不适感。这些策略因情境而异。

当我们无法离开有害的职场时

如果我们被束缚在一个不健康的职场，我们或许可以通过以下方法来缓解不适：

- 请求同事协助。
- 请求团队调动、经理调动或地点调动。
- 将任务或职责委托给其他员工。
- 降低在工作中讨论个人问题的程度。
- 讨论我们的处境，并从值得信赖的同事那里获得情感支持。
- 向人力资源部门寻求支持或额外资源。
- 如果可能，设定下班后回复与工作有关的信件的界限。
- 如果职场存在不安全或不健康的工作条件，向相关部门进行匿名投诉。

当我们无法离开有害的关系时

如果我们被家人、配偶或其他关系束缚，我们或许可以通过以下方式缓解不适：

- 照顾我们的基本生理需求。
- 采用深呼吸、接地练习、身体扫描或其他技巧舒缓我们的神经系统。
- 使用灰岩法（见第十章）来缓解不愉快或有分歧的对话。
- 如果可能，减少互动的时长／频率。
- 寻求治疗师、咨询师或社工的支持。

当我们需要释放压力时

即使我们无法立即逃离有害的环境，我们也可以采取措施来减少压力对我们身心的影响。正如艾米丽·纳戈斯基（Amily Nagoski）和艾米莉娅·纳戈斯基（Amelia Nagoski）姐妹俩在《倦怠》（*Burnout*）一书中解释的那样，当我们经历一个具有挑战性的事件——压力源——就会激起一种内部的生理反应，即压力。研究表明，即使我们无法完全摆脱压力源，我们仍然可以通过以下方式减轻压力的影响：进行某种体育活动；深呼吸；大笑；哭泣；进行某种形式的创造性表达，如绘画或舞蹈；与朋友或家人进行积极的社交互动。这些行动本身并不会"解决"我们的状况，但它们会给我们喘息的机会，让我们恢复情感和身体的平衡。

当我们需要社会支持时

在处理不公正的情况时，我们可以通过寻求社会支持来获得社群意识和团结意识。我们可以打电话给值得信赖的朋友或所爱的人倾诉；与治疗师、咨询师或社工讨论我们的处境；参加现场或虚拟的互助小组；参加十二步计划，如匿名戒酒会（Al-Anon）、酗酒者的成年子女会（Adult Children of Alcoholics）或匿名共同依赖者协会（Co-Dependents Anonymous）；使用社交媒体寻找处境相似的个体的支持；在无法立即获得社会支持时写日记。

长期争取社会正义

社区组织者纳基塔·瓦莱里奥（Nakita Valerio）说："对真正需要'社区关怀'的人高呼'自我关怀'是我们让人失望的方

式。"我们无法以"自我关怀"的方式或"设定界限"的方式摆脱压迫性环境。短期的、个人的解决方案是创可贴，可以快速缓解痛苦，但为了创造让边缘化群体安全地进行自我倡导的环境，我们，作为一个社区，必须改变那些因边缘化群体保持沉默而对其进行奖励的压迫体系。要根除性别歧视、性少数群体恐惧、经济不平等以及其他形式的压迫，这并没有一个单一的路线图，但我们有可以采取的实际步骤来帮助我们在社区中对抗这些力量。

在政治上，我们可以在经济上支持国家、州和地方的倡导组织对抗系统性压迫；投票选举那些决心解决性别歧视、种族歧视、性少数群体恐惧和收入不平等问题的官员；提高人们对当选官员在影响妇女、性少数群体、有色人种和其他边缘化群体问题上的立场的认识；给政府代表发邮件或打电话，支持社会正义倡议；参加公民组织活动。

在我们的社区，我们可以为食物银行、衣物募捐活动或家庭暴力热线等提供志愿服务；直接向有需要的社区成员捐赠衣物、食物、家庭用品或儿童保育用品；确保我们当地学校的课程能够解决系统性压迫和不公正问题；支持由青年领导的消除小学、中学和大学中不平等现象的努力；在我们的公民团体、家长教师协会和社区中心解决歧视问题。

在我们的职场，我们可以确保员工有途径就他们在工作中遭受的污蔑、骚扰或歧视提交匿名反馈；参与倡导加班付费、带薪育儿假、同工同酬和公平晋升的活动；支持在职场提高不同性别、年龄、种族、能力水平和性取向的努力。

 你无需讨好所有人
讨好行为是一种生存策略

正如我们在第一章中肯定的那样，尽管讨好行为可以有多种起源和表现形式，但有一个主题将它们联系在一起：对安全的追求。当这个世界鼓励那些与你长相、思想或爱情观相似的人保持沉默和顺从时，你就很难自信而安全地进行自我倡导。如果不承认这项工作对于边缘化群体来说是极其不同的——也是更加危险的——我们就不能谈论打破讨好行为模式。

180

3

第三部分

照顾自我

第十四章　穿越火线

"愿你有勇气像迎接黎明一样坦然面对不适，而不是将其视为死亡。"

——K. J. 拉姆齐（K. J. Ramsey）

当我们打破讨好行为模式时，学会如何为自己代言只是我们工作的一半。另一半是学习如何应对和通过自我安抚来处理之前、期间和之后出现的负面情绪。在第三部分中，我们将把这些成长的痛苦正常化，并学习如何以勇气和自我同情来面对它们。

有时，提出请求意味着要面对别人不会满足我们需求的恐惧；有时，设定界限意味着为伤害他人的感情而感到内疚；有时放弃我们对控制的错觉意味着向某些人不会改变的悲伤屈服。这些都是伴随着我们治愈的成长之痛，尽管短期内它们可能会让我们感到不舒服，但它们却是我们通往更光明、更强大、更自信的人生道路上必须接受的火焰。我们的工作不是回避它们——那是不可能的——而是通过它们安抚我们自己并实践自我同情。我们可以相信，我们会穿过这些内疚、恐惧、悲伤、愤怒之火，然后变得更加勇敢，实现蜕变。

在本章中，我们将探讨：如何迎接我们的成长痛苦；如何将我们的不适理解为治愈我们的暂时的先决条件；如何构建一个激励我们迈向生活新阶段的未来愿景。

迎接我们的成长痛苦

学会自我保护并不一定会让我们的生活没有困难，我们只是用新的挑战来代替旧的挑战。但这些新挑战更可取，因为它们源自自爱、自尊和力量——自始至终，我们的需求得到了尊重，而不是被忽视。

成长的痛苦可能会让人迷失方向，因为我们中的许多人都期望治愈是一个线性的过程。我们期望成长给我们带来幸福、力量和决心，而不是悲伤、脆弱和恐惧。我们在社交媒体上看到一些乐观的帖子，鼓励我们坚强、设定界限、说出真相，但很少有帖子承认这样做很困难。但请放心：没有一个正在摆脱讨好行为的人可以逃脱成长的痛苦。我们每个人都会以这样或那样的方式面对其中的不适。

当我们要鼓起勇气说出自己的需求时，当不知道别人会如何回应我们的请求时，当担心我们的界限会伤害别人的感情时，以及当我们不知道人际关系中的哪些关系会支持这个全新的、充满力量的自己时，我们可能会面临恐惧。

当我们要优先考虑自己的需求时，当告诉他人他们的行为给我们带来的感受时，当设定界限以保护我们的健康和幸福时，当在与虐待我们的人的关系中创造距离和空间时，当解除与我们不再一致的关系时，以及当不再通过让他人免受自己行为的后果来助长他们的行为时，我们可能会面临内疚。

当我们认识到自己是如何为了他人的舒适而压抑自己时，当人们无视我们的需求和界限时，当我们开始理解压迫体系是如何让我们保持沉默时，我们可能会面临愤怒。

当我们会放弃他人会因我们提出足够多的要求而改变的错觉时，当我们与伤害过我们的爱人保持距离时，当我们与那些不能以我们需要的方式出现的伙伴和朋友断绝关系时，以及当我们接受某些关系已经走到尽头的痛苦现实时，我们可能会面临悲伤。

最后，当我们在离开不健康的人际关系后还没有找到更健康的人际关系时，当我们远离了对我们不利的旧的社交圈、社区和工作场所时，当我们寻求与尊重我们完整自我的人建立新的联系时，以及当我们不知道我们是否还能找到我们的群体时，我们可能会面临孤独和不确定。

面对这些困难，最重要的是我们如何对待自己的不适。通常，当我们感到内疚时，我们会把它理解为我们做了坏事的信号。通常，当我们感到恐惧时，我们会把它理解为一种警告，告诉我们不应该按计划行事。但是，当涉及打破讨好行为模式的成长痛苦时，我们必须用一种新的方式来解读我们的不适。它们并不意味着我们做错了什么，它们意味着我们正在做正确的事情。

讲述痛苦的新想法

我们给自己讲的关于我们负面情绪的想法很重要。当我第一次开始设定界限时，我感到极度内疚。多年来，我一直扮演着朋友和家人的情感看护人的角色，这对我的心理健康造成了很大的伤害，为了更好地照顾自己，我开始设定限制，减少我为他人问题所能提供的帮助。

鼓足勇气几个月后，我终于告诉一位家人，我不再愿意介入他与配偶的婚姻问题。我告诉一位朋友，我不能再接几个小时的电话来处理他与女友之间的不愉快。另一段友谊变得如此不平衡——只有付出，没有回报——于是我彻底结束了它。

无论我以多么富有同情心的方式设定这些界限——无论我多么确信这些界限对我来说是正确的——但当每一个界限被设定之后，我都会感到内疚。我的脑海中不断浮现这样的想法：

> 我真不敢相信我竟然会这么做。如果这样做是对的，为什么我感到如此难受？当然，那段感情一段时间以来是我痛苦的根源，但我为什么会感到如此内疚？我无法承受这一切。我是个糟糕的人。我应该收回一切……

诸如此类，不一而足。我还没有意识到，给我带来痛苦的不是情绪本身，而是我对情绪的解读。

研究表明，我们如何解读自己的情绪会直接影响我们对情绪的体验。将自己的情绪判定为"坏的"或"错误的"人实际上会对这些情绪有更负面的体验，而接受自己情绪的人则会在整体上感受到较少的痛苦。当我们告诉自己我们的感觉是坏的、无法控制的和不道德的时，我们就更有可能加剧我们的不适，收回我们的界限，并回到不健康的状况。

通过改变我们告诉自己的关于负面情绪的想法，我们可以将成长的痛苦正常化，减轻我们的不适，并为勇敢地向前迈进奠定基础。我们的新想法可以包括：

"这种痛苦意味着我正在加强自我倡导的力量"

当我们在剧烈运动后感到酸痛时，我们不会将酸痛理解为我们不应该运动的迹象。相反，我们认为这是我们在增强力量的表现。我们的酸痛并不舒服，但这是值得的，因为我们知道我们正在变得更强壮。我们在坚持自己的需求时感到的内疚和恐惧与此类似；虽然当下会感到不舒服，但这表明我们正在为未来加强自我倡导的能力。我们在实践中变得越强大，就越不会感到不舒服。

"这种痛苦意味着我正在打破世代相传的旧循环"

循环破坏者是指认识到自己家庭中存在功能失调的、有害的或虐待的行为模式，并发誓要结束这种循环的人。正如我们在第一章中探讨的，我们中的许多人都可以将讨好行为模式的根源追溯到童年。如果我们仔细观察，我们可能会发现这些行为在代代相传。

在这种情况下，打破这种模式不仅能阻止我们自身不正常行为的循环，还能阻止我们的代际循环。我们要敢于相信一种全新的、健康的存在方式，这种方式以前即便有，也是很少为我们所效仿的。

"这种痛苦意味着，在多年被告知我不应该这样做之后，我终于把自己放在了第一位"

在我们的一生中，很多人都通过明确的声明或他人的对待方式收到过这样的信息：把自己放在第一位是不可接受的。现在，就好像我们过去的幽灵正在与我们新的、清晰的信念——我们应该得到更好的——做斗争。我们感受到的成长之痛，正是这一古老核心信念的濒死回响。霍莉·惠特克（Holly Whitaker）在她的《像女人一样戒酒》（*Quit Like a Woman*）一书中指出："对那些希望你说'是'的人说'不'——并且向那些习惯于你没有界限的人维护你的界限——会感觉非常糟糕，就像死亡一样。而且它确

实是一种死亡——那个你认为为了被爱而必须违背自己的那一部
分的死亡。"

练习：带着愿景坚持到底

当我们面对成长的痛苦时，我们需要有人提醒我们，为什么
这些辛苦最终会是值得的。这样有助于我们设想：当我们一劳永
逸地停止讨好行为时，我们的生活会是什么样子，以及我们的内
心会是什么感受？

第一部分：之前

在你的日记中，用一页纸描述你"之前"的生活：在你开始
打破讨好行为模式之前的生活。请务必列出：你感受到的怨恨；
你经历的疲惫、劳累和压力；在人际关系中没有发言权的感觉；
你与自己的联系是如何遭受自我背叛和缺乏自我信任的；你因讨
好行为而经历的3~5个痛苦的经历。

第二部分：之后

想象一下，自从你打破讨好行为模式以来，已经过去五年了。
你的成长痛苦已成为后视镜中遥远的小点，而你也收获了努力带
来的回报。你的生活比你曾经认为的可能更加丰富多彩和快乐。

在你的日记中用一页纸描述你生活的新篇章，就像你已经在
那里一样。请务必描述：你与自己的关系发生了怎样的变化；你
每天的感觉如何；你选择了哪些新的、令人振奋的方式来打发时
间；你正在追求的梦想和愿望；你建立的互惠互利的关系；你如
何为你的孩子、朋友或社区树立榜样。

第三部分：对比

当你完成第一部分和第二部分后，用 10 分钟时间对比一下"之前"和"之后"的内容，密切关注这两个版本的你有多么明显的不同。

这个练习提醒我们，我们不能让改变的痛苦蒙蔽了我们保持现状的痛苦。以前，我们的痛苦是一条死胡同：它让我们更深地陷入讨好、怨恨和孤独之中。但现在，我们感受到的成长痛苦正引领我们走向更健康、更快乐、更有活力的生活。我们之所以坚持，并不是因为容易，而是因为这一切都值得。

在接下来的章节中，我们将探讨：如何为恐惧、内疚、愤怒、孤独、悲伤和不确定感赋予新的意义；如何在这些负面情绪中安抚自己，并在情况变得艰难时坚持到底。最后，我们将研究这些具有挑战性的情绪如何才不会成为阻挡我们康复的障碍，而是成为确保我们朝着正确的方向前进的路标。

第十五章　面对恐惧、内疚和愤怒

"在同一时间，选择既勇敢又害怕的伟大冒险。"

——布伦·布朗（Brené Brown）

在本章中，我们将探讨恐惧、内疚和愤怒带来的成长痛苦，并将它们在我们的治愈之旅中的存在正常化。我们还将讨论在寻求和平与自信的过程中，起到自我安慰作用的策略。

彻底接纳

首先，我们可以通过打下彻底接纳的基础来为我们的成功做好准备。心理学家兼佛学导师塔拉·布拉克（Tara Brach）将彻底接纳定义为"清楚地认识到我们内心发生的一切，并以开放、善良和仁爱之心看待我们看到的一切"。

彻底接纳与我们通常对待痛苦的方式形成了鲜明的对比。我们中的许多人都对具有挑战性的感受设置了严密的防线，竭尽全力将它们理智化、逃避它们、埋葬它们或忽略它们——只除了直接感受它们。当我们试图逃避不可避免的事情时，这些防御就显得有些疯狂。就像壁橱里的怪物一样，我们的负面情绪在我们的周围膨胀和扩张，而我们最终往往会加剧我们试图逃避的那些情绪。

当我们练习彻底接纳时，我们会停下来，用同情而不是自我评判来承认我们的内疚、恐惧、愤怒和悲伤。这种专注的存在将我们的不适从强劲的对手转变为旅途中恼人但不可避免的伙伴。

彻底接纳的第一步就是简单地注意到并说出我们的感受。从这里开始，我们可以注意到这种情绪在我们身体中的感觉：我们在哪里感受到这种感觉？是胸闷还是心跳加速？呼吸是否变浅？胃部是否难受？我们可以温柔地注意这些感觉，把手放在胸口上，对自己温柔地说"没关系""有我在"或者"你安全了"。

最后，彻底接纳邀请我们允许我们当前的情感现实就在那里，就像它现在这样，而不去改变它。我们可以语言表达我们的接纳，比如说："我欢迎这种恐惧，因为我知道我是安全的。""内疚是为自己挺身而出的自然反应；这是正常的。""这就是现在的情况，我接受这一点。"

彻底接纳并不会让我们的感受消失，但它确实为我们的行动提供了一个更平静、更坚实的基础。既然我们不再为了逃避情绪而兜圈子，那么我们就可以有意识地选择如何安抚它们。

从恐惧到坚定

打破讨好行为模式从根本上说是一种破坏。我们正在进入一个陌生的领域，有点害怕是完全正常的。我们可能会担心：如果我们为自己发声，别人会不喜欢我们；我们的界限会伤害到我们所爱的人；如果我们诚实地说出自己的需求，别人会评判我们；

我们设定界限后，我们的人际关系会紧张；如果我们为自己设定更高的沟通标准，我们最终会孤独终老。

当我们改变在人际关系中扮演的角色时，这些恐惧的出现是完全正常的。无论我们是要求室友清理他们的脏盘子，还是疏远虐待自己的父母，我们都在将过去的被动转化为自信。

为了说明从恐惧到坚定的过程，我们来看看丹妮卡（Danica）的故事。丹妮卡从小就和乌拉（Ula）是好朋友。高中毕业后，她们在不同的地方上大学，但一直保持着联系：丹妮卡在得克萨斯州奥斯汀，乌拉在华盛顿西雅图。现在，她们都快30岁了，每个月至少会通一次电话来叙旧。

一天，乌拉告诉丹妮卡一个令人吃惊的消息：她要搬到奥斯汀去工作。丹妮卡很兴奋，几周后乌拉来到镇上，丹妮卡帮她整理行李，安顿下来。那天晚上，她们出去吃饭，一直喝到午夜。再次来到同一个城市，她们都很兴奋。

很快，几周过去了，身为教师的丹妮卡利用晚上和周末的时间带乌拉去她最喜欢的墨西哥玉米饼店和二手店。她们周五晚上喝玛格丽特酒，周日早上喝冰咖啡。丹妮卡的朋友们热情地邀请乌拉参加他们的聚会和聚餐，热情地欢迎她加入他们的圈子。两个人每周大部分时间都在一起。

最终，丹妮卡开始意识到她感觉不平衡。她的教学工作要求很高，她渴望每周能有几个晚上独处和放松。她有其他朋友，她想和他们分别相处，但她已经养成了把所有空闲时间都花在乌拉身上的习惯。

丹妮卡想和乌拉商量一下，减少她们在一起的时间，这样她就能有更多的平衡，但她害怕伤害乌拉的感情。乌拉在奥斯汀还没有交到任何朋友，丹妮卡不想让她有被抛弃的感觉。

记住保持现状的痛苦

当我们感到害怕时，我们会心跳加速、胸口发闷，我们的眼界也会变得狭小。我们暂时忘记了，在短期的恐惧之外，还有长期的自由。格局打开，看清全局——既看到改变的好处，也看到保持现状的痛苦——有助于我们获得正确的看法。在我的研讨会上，参与者一致认为，这是克服恐惧最有效的练习。

从改变的好处开始

首先，格局打开，想象一下采取这一行动的长期好处。一年后，你将如何变得更好？你的生活将如何变得更加丰富多彩？你将如何以更愉快的方式打发时间？你将如何在人际关系中感到更加平和？闭上眼睛，想象这种未来的生活。

一旦你的设想完成，再重复同样的过程——只不过这一次设想的不是一年后，而是五年后。然后，一旦你完成了这一轮，再重复一次——只不过这次是十年后。你是如何发现打破讨好行为模式带来的好处随着时间的推移而不断复合和扩张的呢？

想象保持现状的痛苦

现在想象一下，你顺从了恐惧，没有进行自我保护。格局打开，想象一年后这个决定的长期弊端。你的生活将会怎样？你的身心健康会受到怎样的影响？你的人际关系将如何背负怨恨的包袱？然后，就像上面所做的那样，想象一下你五年后和十年后的生活。随着时间的每一次跳跃，请注意弊端是如何被放大的。

以这种方式放大，让不改变带来的痛苦一目了然。当我们屈服于恐惧时，我们可能会从不适中获得短暂的喘息，但随着时间的推移，这种不适会呈指数级放大。

首先，丹妮卡想象减少与乌拉相处的时间的好处。一年后，她会为每周能有几个属于自己的夜晚而感到平静。她也会很高兴地重新联系过去几个月里变得疏远的其他朋友。当她进一步格局打开——五年、十年——她注意到这种平静和平衡感只会增加。

当丹妮卡想象着如果她从未减少和乌拉相处的时间，她的生活会是什么样子时，她的内心产生了一种消极的反应。一年后，她与其他朋友断绝了联系，她会因为很少有属于自己的时间而感到疲倦和怨恨。五年、十年之后，这种怨恨和压抑的情绪只会越来越严重，而她也会在这个过程中逐渐厌恶乌拉。

对于丹妮卡来说，这个练习使她对改变的需求变得非常清楚：与乌拉交谈会很困难，但不与她交谈的副作用会更糟。

记住你最深层的原因

正如我们在第一章中讨论的，我们"最深层的原因"是我们打破讨好行为模式的最重要、最激动人心的原因。当我们陷入困境时，它就像一剂良药，能冷却我们身处困境时的恐惧之火，让我们超越短期的不适，想象一个更加平和、更有力量、更广阔的未来。面对恐惧，请紧紧握住你"最深层的原因"。把它写下来，放在显眼的地方，提醒自己坚持到底。

效仿榜样

面对恐惧时，效仿榜样有助于我们获得应对困境的新方法。考虑一下：谁是你可以在这种恐惧中效仿的人，无论是活着的还是死去的，真实的还是虚构的？谁拥有你想要体现的勇敢或坚定的品质？

下一次，当你面对恐惧时，想象一下你的榜样的各个方面：他们的面容、衣着、声音和态度。问问自己："在这种情况下，他们会怎么做？"花点时间想象一下：从始至终，你的榜样会如何反应？他们会怎么做？他们会如何坚持自己的决定？他们如何在不适中自我安慰？在你力所能及的范围内，效仿他们。

当丹妮卡考虑在与乌拉的对话中以谁为榜样时，她想到了自己的朋友凯丽（Callie）。凯丽大胆、直率、不兜圈子——但表达爱的方式也同样坦率。因为凯丽是如此的坦荡，丹妮卡总是清楚地知道她与凯丽的关系状况；她相信凯丽是诚实的和头脑清醒的，即使在困难的时候。因此，丹妮卡觉得凯丽是她认识的最值得信赖的人。

丹妮卡在想凯丽会如何处理这次谈话。毫无疑问，她会头脑清醒且直截了当。以我对凯丽的了解，她可能会说："乌拉，既然我们已经把你安顿好了，我需要确保留点时间给我自己和其他朋友。要不要计划一两周聚一次？"

丹妮卡在处理这样的界限问题上很费劲，所以想象凯丽干脆的做法给了她一个有用的起点。

第二天，当丹妮卡花了一个下午陪乌拉购物并送乌拉回家时，乌拉问她第二天晚上是否愿意出去喝酒。丹妮卡想象着凯丽的样子，试着用她直接且亲切的方式回答："既然我们把你都安顿好了，我觉得我也要给自己和其他朋友留点时间。明晚不行，下周一起喝酒，争取一两周聚一次吧？"

令丹妮卡吃惊的是，乌拉完全接受了。"好呀！你一直帮我适应环境，我知道你还有事情要做，还有很多人要见。下周再合适不过了。"

丹妮卡如释重负；乌拉的接受感觉像是一份意外的礼物。"好！"她微笑着回答，"确实是。就下周吧！"

成为榜样

虽然打破讨好行为模式是我们独立完成的旅程，但它会在我们的人际关系和社群中引发深远的连锁反应。我们的行动可能会激励其他人大胆发声，打破旧有模式，勇敢追求新的生活方式。记住，成为榜样可以增强我们的决心。面对恐惧时，你可以坚持问自己："我是谁的榜样？"

也许我们正在为孩子树立榜样。孩子们不仅仅吸收我们口头上教给他们的东西，他们还通过观察我们的行为来学习如何与自己对话、判断什么是可以接受的以及他们应该得到什么样的关系。同样，看护人既可以传递自我牺牲和被动的习惯，也可以传递自尊、果断和自信。

也许我们正在为社区或职场的成员树立榜样。通过在这些空间中实现我们希望看到的改变，我们为其他人规划了一条未来可能遵循的道路。有时，我们的行动会完全改变群体文化。或者，我们可能会为与我们身份相同的群体的其他成员树立榜样，为与我们有着相同背景的人开辟新的道路。与丈夫表明自己立场的女性是其他希望打破婚姻中父权制堡垒的女性的榜样。在高中倡导性别包容政策的跨性别青少年是所有希望改变压迫体系的跨性别青少年的榜样。

记住我们是谁的榜样并不能消除我们的恐惧，但回想起那些我们正在激励的人，会让我们觉得更有价值。

牢记人生苦短

我们在这个星球上的时间是短暂的。我们只有一次机会来充分利用生命，我们不想让恐惧阻碍我们。布朗尼·维尔（Bronnie Ware）是一名临终关怀护士，她的工作就是在病人生命的最后12周里照顾他们。在与病人相处期间，她问："你有什么遗憾吗？如果有机会，你会做不同的事情吗？"在与数千名病人交谈后，她听到最多的遗憾是："我希望我有勇气为自己而活，而不是活成别人期望的样子。"还有什么比这更能激励我们克服恐惧继续前行呢？当我们处于生命的最后一刻，回顾我们如何度过这一生时，我们希望为自己的选择感到骄傲。有一天，当下恐惧的时刻可能会成为我们的回忆，我们会说："那非常可怕，但我很高兴我做到了。"

从内疚到自信

内疚对每个人来说都是一种具有挑战性的情绪，但对于我们这些打破讨好行为模式的人来说，内疚尤其令人痛苦。我们一生都在竭力避免打扰他人。既然我们正把自己的需求放在首位，偶尔也需要把伴侣、朋友和家人的需求放在次要位置，并相应地应对他们的失望。我们可能会因为以下行为而感到内疚：与朋友和所爱的人划清界限；结束不协调的关系；向他人提出更多要求；打破过度付出的模式；限制自己的时间、精力和空间。

安抚我们的内疚感并不是假装其他人会对我们的新选择完全满意，如果我们想要真正亲密、健康的关系，优先考虑自己不仅是可以接受的，而且是必要的。

为了说明我们如何从内疚走向自信，我们将使用珍妮

（Jeanine）的案例。珍妮和凯尔（Kyle）是在一个共同朋友的生日聚会上认识的。他们一见钟情，从那以后，他们已经约会了六次。

起初，珍妮很享受他们在一起的时光。凯尔很有魅力，很有吸引力，知道如何逗她开心。但他们对彼此了解得越多，她就越不想和他交往。她很上进，而他浑浑噩噩；他对自己那份没前途的工作很不满意，但却没有努力去找一份新工作。社交对她来说也很重要，但他似乎没有什么朋友，甚至认识的人也很少。对珍妮来说，最初的爱的火花已经熄灭了。

第七次约会时，她鼓起勇气说出了这个事情。她温柔地说："凯尔，我真的很高兴认识你，但我觉得我们并不合适。我愿意和你继续做朋友，但我对进一步发展我们之间的恋情不感兴趣。"

凯尔快要哭了。"我以为我俩关系好着呢！"他惊呼，"我到底做错了什么？"

珍妮感到他的悲伤像一把匕首刺痛了她，她讨厌以这种方式让他失望。她解释说他并没有做错什么，只是他们的生活方式不同。谈话突然结束，当她回到家时，她因伤害了他的感情而内疚不已。

记住，每一个"不"同时也是一个"是"

当我们开始设定界限时，通常会把注意力集中在我们所有说"不"的事情上。然而，我们说的每一个"不"，都是同时对更重要的事情说的一个响亮的"是"：这些事情通常都关系到我们的需求、欲望或自尊，所有这些都被忽视太久了。

当你发现自己因为说"不"、设定界限或在一段关系中制造距离而感到内疚时，请想一想：通过这样的自我倡导，你对什么说了"是"？

珍妮沉思着:"当我对和凯尔约会说'不'时,我就对找到一个更适合我的人——一个吸引我和我感兴趣的人的可能性说'是'。当我出于内疚和义务而对约会说'不'时,我就会对出于真正的兴趣、好奇心和兴奋而约会说'是'。当我对与一个缺乏动力和社群意识的人交往说'不'时,我就会对找到一个与我分享价值观和兴趣的伴侣的可能性说'是'。"

与自己共情

心理学家马洛琳·威尔斯(Marolyn Wells)写道,由于同理心是羞耻感的天然解药,所以讨好型的人遇到会激发内疚和羞耻感的情况时,他们需要学会如何与自己而不是他人产生共情。当我们与自己共情时,我们会克制过度关注他人的伤害或挫折的冲动,转而密切关注我们自己的生活经历:我们为什么做出这个决定?我们的身体感觉如何?我们此刻需要什么?

当我们发现自己陷入对他人受伤的感受的反复思考时,我们可以反思:是什么样的痛苦、伤害或不愉快的互动导致我们以这种方式进行自我倡导?我们的自我倡导是如何体现自尊的?这种界限如何保护我们的需求?从长远来看,采取这一行动将如何改善我们的生活?

在与凯尔最后一次约会后的几个小时里,珍妮心事重重。她一直在想她说出这个事情时凯尔脸上惊讶的表情。她想象他一定对她非常不满,这个想法让她心里很不舒服。

当她的内疚感以一种强烈的方式重新出现时,她决定不再活在凯尔的感受中,而是练习与自己共情。她有意回忆起自己在问凯尔对未来的梦想时,凯尔漠不关心地耸耸肩时自己的失望。她提醒自己,与凯尔断绝关系才是她实现自己对一个有抱负和有社群意识的伴侣的渴望的唯一方式。让凯尔失望在短期内会让她感到不舒服，但从长远来看，这是她得到自己想要的东西的唯一途径。

考虑对他人的隐藏利益

内疚感就像聚光灯。它将我们的注意力引向我们所做的一切错事，同时几乎没有留下空间让我们考虑其他可能性：我们的自我倡导可能会如何帮到我们担心已经伤害的人。我们可以通过考虑以下问题准确了解：从短期或长期来看，这个人如何从我们的自我倡导中受益？

以下是我们的自我倡导对他人有益的一些常见方式：

- 既然我已经告诉了他们我的需求，他们就会更容易满足我的需求。
- 既然我已经告诉了他们我的需求，他们就不会再有压力去猜测我的需求——当他们猜错时，我也不会对他们产生怨恨。
- 既然我已经指出了他们的错误行为，他们就可以改变它，并改善与我和其他人的关系。
- 既然我已经告诉了他们我的真实感受，他们就不再需要因为我的前后不一和回避而感到困惑。
- 既然我不替他们解决问题了，他们可以变得更加独立。
- 既然我已经坦率地说出了我的底线，我们就有机会发展一种更持久的关系。
- 既然我已经承认这段关系并不适合我，他们就可以找到更适合的朋友/伴侣：那些真心想和他们在一起的人。

至少，当我们在人际关系中保持诚实和坦荡，而不是撒谎、误导或打造和谐的假象时，我们就会使他人受益。

珍妮如此专注于她的决定对凯尔造成了怎样的伤害，却没有考虑到他实际上可能会从中真正受益。她意识到，如果他们继续约会，她会在这段关系中私下希望他与众不同。凯尔值得拥有一个欣赏他的伴侣，现在他们分开了，他有了找到那个伴侣的空间。珍妮越想越觉得，纯粹出于内疚而继续维持他们的关系，阻碍他们双方在其他地方找到令人满意的关系，那才是真正的不友善。

与支持者交谈

当我们感到内疚无处不在时，社会支持可以提醒我们，我们是善良的，并确认我们正待在应该在的地方。需要朋友、治疗师或互助小组的帮助来打起精神，让我们渡过内疚的黑暗期，这并不可耻。

你可以告诉你的知己，你正在努力打破讨好行为模式，并询问他们是否愿意时不时地和你聊聊这个话题。也许你有几个朋友也在进行自我倡导，你们决定建立一个群聊以分享各自的成功。在提出困难的请求或设定具有挑战性的界限后，联系你的支持者一起来庆祝。

动起来

正如我们在第十三章中探讨的，当我们面对一个具有挑战性的外部事件——称为压力源时，我们会产生一种被称为压力的内部生理反应。压力会让我们心跳加速、胸闷、呼吸急促，在感受到压力带来的身体不适的同时，我们也会感受到内疚带来的情感不适。研究表明，体育锻炼是消除压力的最有效手段。

珍妮决定去跑步，每跑一步，她对凯尔的思量就会少一点。当她完成 3 英里（1 英里≈ 1.609 千米）的循环跑时，她感到自己又重新回到自己的身体。她的内疚感并没有完全消失，但现在感觉它不再是她情感的全部，更像是外围的一个小点。

从破坏性的愤怒到创造性的愤怒

我们越是为自己发声，就越能认识到自己过去在他人面前是多么渺小。我们开始明白，当过去因为表达自己的需求而受到惩罚或羞辱时，这对我们的影响有多深。所以很多时候，我们为了那些不把我们最大利益放在心上的人而放弃了自己的舒适。

通常，伴随着这种认识而来的是海啸般的愤怒。我们可能会对照顾我们的人感到愤怒，因为他们的忽视、虐待、情感不成熟、成瘾或心理健康问题导致了我们形成讨好行为模式；我们可能会对那些忽视或嘲笑我们感受的人感到愤怒；我们可能会对那些斥责我们的合理需求"太过分"的伴侣感到愤怒；我们可能会对那些利用我们缺乏界限的职场和机构感到愤怒；我们可能会对那些迫使我们保持沉默以确保安全的压迫体系感到愤怒；我们甚至可能会对自己在有害的环境中停留太久感到愤怒。

起初，愤怒会让人觉得它是一种破坏性的力量：紧迫性、毁灭性和复仇性是它的特色。但是，即使愤怒是驱动我们引擎的燃料，我们仍然是坐在驾驶座上的人：我们仍然可以决定我们要去哪里。研究表明，愤怒是改变的强大动力；愤怒通常伴随着消除障碍、纠正不公，以及为自己和他人创造更好条件的努力。与焦虑和悲伤让我们感到压抑和恐惧不同，愤怒则让我们感到火热、激烈和投入。最终，愤怒可以推动我们走向一种新的生活方式。

当我们治疗时，我们必须尊重我们的愤怒。它是神圣的、炽热的、净化的：它是我们内心深处的义愤正在觉醒。我们必须让它将我们转化成为一个不会妥协的全新的自己。尊重我们的愤怒并不意味着对他人大喊大叫、恶劣对待他人或寻求报复（尽管有时，我们可能会被诱惑去做那样的事情）。相反，我们可以利用愤怒的能量为自己和他人争取更好的待遇。我们可以考虑：我们该如何利用愤怒的能量，不是去破坏或毁灭，而是去成长、创造和生成？

我们可能会将愤怒作为动力，去设定必要的界限；离开有害的关系；帮助那些与我们曾经面临同样困境的人；开始一个连接我们力量的常规身体活动（跑步、举重、舞蹈、瑜伽、拉伸）；或者创作一件艺术品或音乐作品来分享我们的故事。

在打破讨好行为模式一年后，我被一股巨大的愤怒包围。在治疗过程中，我开始改写过去的想法，我慢慢地将自己的想法从"我太过分了""我太敏感了"转变为"我值得被爱，因为我就是我""对虐待敏感是正常和健康的"。

这种想法上的转变激发了我对过去轻视我的需求的人的意想不到的愤怒。我对家人感到愤怒，他们说我太紧张，因为我被他们残忍的评论伤害了。我对前任们感到愤怒，他们说我"太黏人"，因为我在人际关系中要求最低限度的一致性和关爱。我对朋友们感到不满，他们把我当作他们问题的垃圾桶，却对我的问题没什么好奇心。最重要的是，我对自己感到愤怒，因为我认为自己需要变得更渺小、更没有主见，如此才配得上别人的爱。

我内心的愤怒像野火一样熊熊燃烧。我需要一个宣泄口，于是我开始在博客上写诗。我用笔名写了一些尖锐的诗句，写我和前任们的争吵，写性别歧视压制女性发声的方式，写总觉得自己需要变得越来越不像自己的痛苦。我本想把我的博客作为一个个人宣泄的空间，但我分享的每一个新帖子的下面都有陌生人留言表示感谢。他们说，他们能感同身受，他们也曾经历过，并且我的诗写出了他们以前从未表达过的挫败感。

通过这种方式来宣泄我的愤怒是一种治愈。它让我在各种经历中感到不那么孤独。我无法消除我的过去，但通过我的诗，我可以为经历类似事情的人提供陪伴和肯定。

有时候，事情就是这么糟糕

虽然这里介绍的方式可以帮助我们缓解恐惧、内疚和愤怒带来的成长痛苦，但没有什么灵丹妙药可以完全缓解我们的负面情绪。有时，没有快速的解决办法。有时候，事情就是这么糟糕。

令人惊讶的是，我们可以从这种承认中找到一些安慰。有时，我们无计可施。此时，我们只需完全接受这样一个事实：打破讨好行为模式很难。我们可以这样安慰自己：这种不适不会永远持续下去。是的，我们的生活中有令人困扰和充满挑战的时期，也有滋养我们、为我们补充能量和使我们恢复元气的时光。我们可以相信，每说一句真话和每设定一个界限，我们都在慢慢接近一个充满力量和自尊的时节。

第十六章　摆脱现有的人际关系

正在摆脱讨好行为的人比大多数人更容易摆脱人际关系，因为我们正在停止自我忽视的行为，而正是这些行为使这些人际关系在最初成为可能。

当我们开始占据更多的空间时，之前完全适合的人际关系开始让我们觉得受到了束缚。我们可能会发现，我们的伴侣不愿意倾听我们的需求；他们更喜欢我们顺从的时候。我们可能会意识到，我们的朋友不知道如何为我们的情感保留空间；他们发现当我们充当他们的情绪垃圾桶或治疗师时，他们才知道如何与我们互动。我们可能开始看到家庭中某些模式的破坏性，并发现自己需要与父母、兄弟姐妹或其他家庭成员保持距离。

这些关系中，有些只是不匹配：它们与我们逐渐成为有能力的人不一致。而另一些关系则是有害的，我们对自我倡导的新承诺要求我们结束它们。当我们允许自己摆脱那些不健康的、让我们感觉长期被忽视和不为人知的、对我们的健康和幸福有害的关系时，我们就展现出了巨大的勇气。

在本章中，我们将探讨如何使用应对这些艰难转变的工具；讨论如何调整我们的人际关系，以更好地满足我们的需求，或者在无法做到这一点时，如何完全摆脱它们。

玛尔的故事

45 岁的玛尔（Mal）在经历了痛苦的离婚后，三年前搬到了纽约市。由于急于寻找社区，她安排与一个朋友的朋友——朱迪（Jodi），一名公关——建立了联系，从那时起，两个人每两周就会聚在一起喝酒。

从一开始，玛尔就注意到朱迪很有个性。她既风趣又尖刻，在啜饮马提尼的间隙，毫不顾忌地对客户发表尖锐的评论。起初，玛尔被朱迪超凡脱俗的个性和有趣的故事所吸引。但两个人相处的时间越长，玛尔就越发现朱迪是一个非常糟糕的倾听者。每次玛尔主动说起自己的生活时，朱迪就会很快把话题转回到她自己的身上。随着时间的流逝，玛尔在每次互动中都觉得自己越来越被忽视，也越来越怨恨。

一个周五，玛尔收到了朱迪的短信："今晚喝酒吗？"玛尔同意了，但随着时间的临近，她开始想找借口不去。她想："我可以说我头疼。或者我可以说整个办公室的人午餐后都食物中毒了……或者我可以告诉她，我的猫从逃生梯上掉下来了，需要去看兽医。"

随着她找的借口越来越离谱，玛尔打断了自己："看在上帝的分上，你已经是个 45 岁的人了。停止这种幼稚的行为。是时候告诉朱迪你真正的感受了。"

当晚，玛尔忐忑不安地来到酒吧。她点了一杯鸡尾酒，一直等到穿着蓝色紧身连衣裙、光彩照人的朱迪进门。

"你不会相信刚才发生了什么。"朱迪突然说，她把钱包扔在吧台前。她一边向酒保示意，一边夸张地讲述了她与一位声名狼藉的客户通电话的经过。

玛尔心不在焉地点了点头。当朱迪停下来喝酒时，她抓住了机会。"我其实想和你谈点事。"玛尔说。她深吸一口气，平复了一下心情，继续说道："朱迪，我一直觉得我们之间的关系……不平衡。我很乐意听你讲故事，但到了我分享的时候，你却不太注意。通常，你会把话题立马又转到你自己身上。"

玛尔抿了一口酒，清了清嗓子。"事实是，我通常在我们一起聚过之后感到被忽视，我不想这样。我希望我们能有更平等的对话。"

朱迪只是盯着她，喝了一大口酒。过了一会儿。她突然大笑起来。"玛尔，你在说什么？"她咯咯笑道，"亲爱的，你已经告诉了我所有关于你糟糕的前夫……你无聊的工作……你的猫。"朱迪翻了个白眼。"我是说……这一切都很扫兴，不是吗？"

玛尔盯着她看，无言以对。

"我和名人一起工作，好吧？我的故事很搞笑。而且有趣。我们要的是开心，而不是开个同情派对，对吧？"

朱迪示意酒保再来一杯。

"好了，这倒提醒了我：我一直想告诉你上周发生了什么，"朱迪继续说道，并不怀好意地凑了过来，"你听说了……"

那个晚上在一片朦胧中过去了，朱迪滔滔不绝地说着，而玛尔则呆呆地坐在那里。两个人分开后，玛尔走回自己的公寓，她惊讶于有人会如此不顾及他人的感受。她感到疑惑："她的反应让我很受伤，但也许是我太敏感了。也许她是对的——也许问题在于我太扫兴了。"

评估关系

就像玛尔一样，当我们第一次在一段关系中感到不满意时，我们可能会怀疑自己，或者否认我们所感受到的脱节的严重性。我们可能会试图忽略自己的直觉，即这段关系（在目前的形式）并不适合自己；将自己的感受视为自己"太敏感""要求太高"或"不够有趣"的迹象而不予理会；或者通过过度投入我们的工作、个人项目或其他关系来分散自己对不满情绪的注意力。下面的思考可以帮助我们在决定如何继续时，以清晰的目光评估这段关系。

这段关系开始以来，发生了哪些变化？

一般来说，我们会因为自己的改变、对方的改变和／或环境的改变而摆脱现有的人际关系。确定这些具体的变化，可以帮助我们将我们正在摆脱这段关系的感觉与具体的情况联系起来。

考虑一下：自从这段关系开始以来，我发生了怎样的变化？他们发生了怎样的变化？我们的环境又发生了怎样的变化？

通过这种反思，我们可以看到，摆脱一段关系并不一定涉及过错或责备。许多联系简单地结束，是因为随着时间的推移，发展导致了需求、愿望或价值观的不匹配。

玛尔思考着这些问题。她首先反思自己发生了怎样的变化："嗯，我试着停止讨好行为，所以我开始更多地关注我的需求。我也尝试更加坚定自己的想法。我也从离婚后恢复了很多，这个过程让我更清楚地意识到那些让我感觉不被尊重的人际关系。"

当玛尔考虑朱迪有什么变化时，她想不出任何具体的变化。至于生活环境的变化，玛尔注意到她已经在纽约生活了三年。起初，当她刚来这座城市的时候，她极度渴望友谊。现在，她有了

各种各样的朋友和一种社区归属感，这使她能够更加注重哪些关系真正适合她。

这些变化让玛尔的不满情绪与具体的情况联系了起来。她对朱迪的失望并非偶然，而是过去三年中发生的变化的必然结果，这一切都是可以理解的。

哪些长期模式不适合我？

哪些重复的行为、分歧或冲突让你们的关系成为压力的来源？所有的人际关系都会有错误和一时的伤害，但当一种痛苦的行为成为一种长期的模式时，它可能是更深层次的不匹配的迹象。

也许他们很少向你表达关爱，也许你们的谈话总是不平衡，也许他们总是试图改变你，也许你无法给予他们所需要的支持，也许他们不承担冲突中他们的那部分责任，也许你们对团聚和分离的需求不匹配，也许你无法再容忍他们酗酒，也许你们的性生活不和谐。

对于每一种模式，请考虑你潜在的未满足的需求。这种关系是否让你渴望更多的联系、互惠、独立或关爱？

玛尔在考虑不适合她的长期模式："朱迪主导了我们的谈话，无论我们什么时候在一起，我都觉得自己被忽视了。"在这种模式下，玛尔确认自己未被满足的需求是平衡、互惠、被倾听和被重视。

我们的身体告诉了我们什么？

我们的身体是一个经常被忽视的直觉智慧的来源。我们的身体在他人面前的反应可以为我们提供关键信息，让我们了解与他人在一起的安全感、受尊重感和舒适感。即使我们的内心认为我们的挫折"没什么大不了",但我们身体的感觉可能会更真实。

在与对方相处、交流甚至只是想到这个人时,我们可以自我检查一下:"我现在的身体状况如何?我是否感到胸闷或心跳加速、呼吸急促、胃部难受、肢体麻木?与此人接触后,我是感到精力充沛还是精疲力竭?"

和朱迪在一起的日子里,玛尔并没有怎么注意自己的身体。她在厨房的餐桌旁坐了下来,闭上眼睛,想象着朱迪正坐在她身边,又在絮絮叨叨地讲述一个客户的事情。当玛尔看着这部心理电影上演时,她发现自己的胸口闷闷的,太阳穴也隐隐作痛。她突然想起来,大多数晚上和朱迪出去后,她会立刻倒在床上,就像她在漫长的一天工作后一样精疲力竭。

玛尔感到自己的感受得到了验证,因为她注意到身体如何表达了不满。这不仅仅是她脑海中的一时敏感,而是一种全身的反应,表明她们的关系出了问题。

我是否明确地表达了我的需求?

许多正在摆脱讨好行为的人在没有第一时间表达自己的需求的情况下就结束了人际关系,因为一想到要表达这些需求,他们就会感到太不舒服了。

事实是,即使我们认为另一个人应该知道我们需要什么,除非我们直接问,否则我们永远不会知道他们是否能满足我们的需要(这一规则的例外情况是暴力或虐待,你不应该需要请求别人不要以这种方式伤害你)。当我们任由未说出的怨恨发酵并最终驱使我们离开时,我们就没有给这段关系一个机会,让它变得尽善尽美。

玛尔为自己在积怨三年后要求更多的平衡而感到自豪。朱迪的回应令人不快，但至少玛尔知道，她做了她该做的，表达了自己的需求。

当玛尔思考自己对这四次反思的回答时，她感到豁然开朗。模式是显而易见的：她的身体已经说出了她的需求没有得到满足，而朱迪在她提出真诚的请求后没有做出任何表现出同情的努力。玛尔坚信，有些事情需要改变。

放弃的人际关系不一定要"有毒"

归根结底，只有我们自己才能决定是否有"足够好"的理由去摆脱一段关系。这个决定在很大程度上取决于我们的个人史、价值观以及同时维持多种关系的能力。当我们放弃一段并非有毒或有害、只是不适合的关系时，其他人可能不会理解或赞同我们的决定——但他们不是过着我们生活的人。

计划下一步行动

一旦我们确认这段关系不能满足我们的需求，就该决定如何继续前进了。在某些情况下，对一段关系进行微调就足以让它变得可控。其他时候，唯一可行的办法就是彻底结束这段关系。

从小改变开始：声板法

如果你曾经去过音乐会，你可能会注意到一位音效师站在房间的后面对声板（soundboard）进行调整。声板上通常有数百个旋钮和滑块，每个旋钮和滑块对应声音的不同方面（键盘、人声、高音、低音等）。只要调整得当，音效师就能创造出完美的声学平衡。

声板是一个很有用的比喻，它告诉我们如何对关系的各个方面进行微调，从而使这种联系更加稳固。一旦我们向某人提出了要求，而他没有做出改变，我们就无法让他改变——但我们可以问问自己："如果一个人不能或不愿满足我的需求，我愿意与这个人保持多亲近或多紧密的联系？"

通过改变我们的亲密度和紧密度——通过调整声板上的某些滑块——我们可能会找到一种感觉可行的新平衡。我们可以调整：

- 我们在一起的频率（一年一次、一月一次、一周一次）。
- 每次在一起的时间长度（30分钟、两个小时、整个周末）。
- 我们交流的方式（短信、电话、视频聊天）。
- 我们讨论的话题（政治、宗教、家庭、工作）。
- 我们的纠葛（共享一个家、共享一家企业、共享宠物）。
- 我们付出的程度（我们的时间、精力、金钱）。
- 我们自己对这段关系的期望。

我们可以根据自己的需要调整这些要素，以使这种关系具有可持续性。

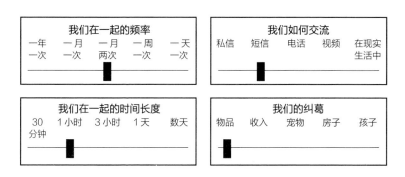

奥利维亚（Olivia）与朋友蒂托（Tito）的关系变得非常紧张。多年来，蒂托一直在与他的心理健康问题做斗争，虽然奥利维亚很乐意尽她所能地支持他，但他想要在一起的时间远远超过了奥利维亚所能承受的范围。她并不想彻底结束他们的关系——她爱蒂托，也喜欢他的陪伴，尽管只是一点点——所以为了让他们之间的联系更加易于管理，她设定了两个界限：她告诉蒂托她只能每两周见他一次，并说她只愿意通过短信来协调计划，而不是用短信叙旧。

既然他们见面不那么频繁了——而且这期间也不会再收到他发来的大量短信——当他们在一起时，奥利维亚可以有更多的空间包容他的情绪。她还注意到，因为他终于尊重了自己的底线，她不再怨恨他了。

这需要两个人

通过设定与他人交往的小界限，我们可以将人际关系拓展到我们从未想过的舒适和自由的境界，并在此过程中练习坚持自己的需求。当然，所有的人际关系都需要双方的参与。一旦我们做出了这些调整，对方也会决定这种新的关系是否符合他们的需求。如果我们的新界限不能满足他们的需求，这段关系可能就无法维系了。如果声板法进展不顺利，或者对方不接受，我们可以继续前进，因为我们知道自己给了这段关系一个有意义的改善机会。

用电灯开关法切断联系

与声板不同，电灯开关有两种设置：开和关。当我们使用电灯开关法时，我们完全从一段关系中脱离。这种方法在以下情况下最有效：存在主动伤害或虐待行为；任何形式的关系都不会让你感觉舒适；对方的行为一直让你感觉不安全或不舒服，尽管你提出了要求，但对方却没有试图尝试改变。

当完全退出一段关系时，我们可能会选择直接告知对方来避免给对方带来困惑。我们可能会说："我已经深思熟虑，得出的结论是这段关系对我来说不再合适了。""我们一直以来的互动方式让我觉得无法持续下去，很遗憾，我无法继续这段关系了。""我很在乎你这个人，但这些年来我们的情况发生了很大变化，我觉得我们不再合适了。"

在酒吧见面两周后，玛尔在办公桌前打字时收到了朱迪的短信："今晚喝酒吗？"

玛尔心生怨恨，没有回复。几天后，她又收到一条短信："你在哪儿？今晚喝酒吗？"玛尔只是盯着手机。她意识到，她不想和这样一个如此自以为是的人保持普通的友谊。离婚后，玛尔经历了痛苦的疗伤过程，但这也是变革性的：它教会了她人生苦短，不能再参与这种不平衡的关系。她决定用电灯开关法与朱迪断绝关系。

玛尔花了一些时间思考，然后开始给朱迪回复。她写道："朱迪，这段友情对我来说不再适合了，这是我深思熟虑后的结果。你在喝酒时对我的问题不予理会，证实了我们之间的关系对我来说太不平衡，这让我觉得不舒服。感谢我们一起度过的时光，祝你一切顺利。"点击发送时，她的心跳得很快。

诚信转变

摆脱一段关系是一个充满情感的过程。当我们开始意识到自己未被善待、被拒绝或被忽视时，通常会感到愤怒、沮丧和怨恨。

尽管我们有权感受到这些情绪，但重要的是，我们要尽可能以正直的方式处理我们的关系转变。以一种周到和冷静的方式行事，我们就能确保日后回首往事时，不会为自己的愤怒爆发、恶劣对待他人或屈服于别人的无礼而感到后悔。

无论我们使用的是声板法还是电灯开关法，我们都可以采取一定的步骤来确保我们的行为正直。我们可能会考虑：进行直接对话来讨论转变是正确的事情吗？应该当面讨论，还是通过电话或电子邮件进行？我们愿意给他们多详细的解释？如果他们有疑问，我愿意和他们一起处理我们的决定吗？

现在花点时间考虑这些问题，确保我们以后对我们处理转变的方式尽可能没有疑问。

将内疚转化为自我同情

即使我们确信自己决定结束一段关系是正确的，但事后感到内疚也是正常的，尤其是如果对方表达出伤害、愤怒或悲伤。当这些不适感袭来时，我们可以使用下面的方法以及第十五章中描述的策略来保持坚强，并将我们的内疚转化为自我同情。

认识到保持现状的危害

我们往往只关注脱离某段人际关系会如何伤害他人，却忘记了留在不协调的人际关系中也会伤害他人。当我们强迫自己留在不再适合自己的人际关系中时，我们的不满就会以令人讨厌的方式出现。我们可能会：回避对方的电话、信息或短信；以冷漠或被动攻击的方式与他们交流；向其他人发泄对他们的不满；过度关注他们的负面品质；变得疏远或畏缩；在几乎没有挑衅的情况下呵斥他们；开始对他们的困境缺乏同情心。

这些行为可能是伤人的和令人不安的。我们可以换位思考一下：如果有人在与我的关系中感到不舒服或不开心呢？如果让他们继续维持这种关系的唯一原因是出于责任感、内疚或怜悯，我真的希望他们继续维持这段关系吗？如果他们每时每刻都希望自己在别的地方，我真的希望他们和我在一起吗？

通过换位思考，我们就会明白，留在一段我们已经不再适合的人际关系中并不是一种善意的行为：那是欺骗和施舍。

玛尔思考了她对与朱迪的联系所做出的种种反应：愤怒和怨恨；经常想装病取消约会；有时夜晚会因沮丧而反复思考；相处之后剧烈头痛；向其他朋友抱怨朱迪自以为是的方式。玛尔问自己："如果我知道一个朋友对我有同样的负面反应，却仅仅是出于内疚而保持联系，我会做何感想？"

这个想法让玛尔很反感；她知道她会因为那个朋友不诚实和在一段不真诚的关系中浪费了自己的时间而生气。这种全新的视角帮助玛尔意识到，虽然结束这段友谊最初可能会伤害朱迪，但从长远来看，它为朱迪开辟了空间，让她与真正想要和她在一起的人建立关系——而不仅仅是因为害怕说出来而假装在一起的人。

挑战极端的思维

当他人对我们的界限做出负面反应时，我们可能会发现自己内化了他们对我们的判断。我们可能会对自己说："我不应该为这件事这么烦恼。""我太敏感了。""我是个糟糕的朋友。""我太自私了。""我在维护人际关系方面太糟糕了。"

正如上面的例子所示，我们的负面判断倾向于采取极端的思维形式。通过挑战这些极端的想法，我们可以以一种更加细致入微的方式来看待事情和我们自己。我们可以通过编制一份具体的证据清单来挑战每一个负面判断。这些证据要么可以反驳它，要么可以为它提供更多的背景信息。（这些证据可以从我们想要的许多关系中找到，而不仅限于我们正在摆脱的人际关系。）

举个例子：如果我们说自己"太自私"，我们可能会想起，我们会大方地与我们所爱的人分享我们的时间、情感、食物和资源；我们会在与我们朋友的交谈中表现出关注和好奇来向他们表示我们的关心；我们会在家人生日和节日时为他们慷慨地购买礼物。如果我们说自己"太敏感"，我们可能会记得我们可以被开玩笑，尤其是当开玩笑的人对我们很好的时候；如果人际关系中的不平衡是短暂的，我们可以优雅地容忍；我们只对我们不被善待的情况感到敏感，而这是健康的。

通过用细微的证据来挑战我们极端的判断，我们会对自己和自己的反应有一个更清晰、更准确的认识。

记住这段关系是如何让你的光芒黯淡的

面对内疚，我们可以通过回想这种关系对我们造成的伤害、使我们畏缩或使我们的光芒黯淡，从而确认这是一个正确的决定。我们可以反思：在这段关系中，我们隐藏了自己的哪些部分？为了维持这种关系，我们不得不做出哪些牺牲？如果我们没有结束这段关系，它一如既往地延续了一年或十年，将会怎样呢？长期的负面影响又会是什么呢？

玛尔决定在日记中写下第一个问题：在这段关系中，我隐藏了自己的哪些部分？

她写道："在与朱迪的友谊中，我感到自己很渺小。我的其他朋友告诉我，我很风趣、外向，但在朱迪面前，我却缩成一团影子。她从来不听我说什么，所以我渐渐觉得自己不是一个很有趣的人。我有很多想法——关于世界、关于人、关于人际关系的想法——但我从来没有机会和她谈论。在我们的谈话中，我几乎没有空间，以至于我觉得自己根本没有发言权。我开始怀疑自己的智力、自己的幽默感和自我。说到底，我只不过是听她倾诉的垃圾桶。"

玛尔放下笔，对自己的回答感到满意。思考着自己的回答，她感到一阵悲伤。回想起来，很明显这段友谊深深地影响了她的自尊。她深信，有些东西必须放弃：继续保持这种关系根本不是办法。

考虑学到的经验教训

并不是所有的关系都会一直走下去。有些关系就像是老师，短暂地进入我们的生活，帮助我们成长。把我们的人际关系视为老师，会赋予它们意义、目的和实用性；即使它们结束了，它们在我们的生命中也扮演了重要的角色。

为了提炼出我们学到的经验教训，我们不妨思考一下：为了真正的幸福和满足，这段关系教会了我们所需的什么？在未来的关系中，我们应该警惕哪些危险信号？我们之前认为是一种愿望，但这段关系却告诉我们实际上那是一种需求？在这段关系中我们是否轻视了某些需求，而在未来的关系中我们却想要强调这些需求？

迎接新的关系

归根结底，摆脱人际关系并不仅仅是让不协调的联系消失，而是为更新、更健康的关系的形成开辟空间。当我们陷入不愉快的人际关系中时，我们就会像玛尔一样，被怨恨困扰，被焦虑分心，被自我评判折磨。我们努力聚集所需的精力、欲望和自信，与他人建立起新的、有益于身心健康的联系。

通过摆脱这些关系，我们获得了空间——和内心的平静——去寻找更具支持性的联系。我们通过自己的行动向自己证明，我们值得拥有我们所寻求的平衡、互惠和尊重的关系；我们不会再将就。

第十七章
允许悲伤、转变和新的开始

"做自己会使我们被许多人放逐，而顺从他人的意愿导致我们被自己放逐。这是一种令人痛苦的矛盾，必须承受，但选择是明确的。"

——克拉利萨·品卡罗·埃斯蒂（Clarissa Pinkola Estés），《与狼共奔的女人》（*Women Who Run with the Wolves*）

当我们打破讨好行为模式时，我们对自身观点和行为的改变会带来人际关系、工作场所和社区的改变。我们可能会发现自己经历了分手或离婚、离开一段友谊或一个社区、从职业生涯中转型、远离一种信仰或放弃旧的信仰体系。有时，这些结局是我们自己选择的；有时，它们是强加给我们的。无论如何，它们都会让我们迷失方向，让我们感到悲伤和无依无靠。

但是，对于正在摆脱讨好行为模式的人来说，这些结束和转变提供了一个意想不到的礼物：一个让我们优先考虑自己并在坚定和自尊的基础上建立新关系的机会。在本章中，我们将探讨：当我们摆脱旧关系时悲伤所呈现出的多种形式；在我们设定更高标准，以及我们的生活被符合这些标准的人填满的这段时间，如何让孤独感变得正常；应对关系结束和转变带来的挑战的实用方法有哪些。

米娜的故事

米娜（Mina）和丈夫加文（Gavin）已经结婚十八年了。他们初次见面时，她被他的魅力和干劲所吸引，而他则被她的善良和同情心所吸引。两个人在无数个夜晚幻想着他们将去旅行的地方和想要建立的家园。

十八年后，一切都变了。他们有了两个孩子：17岁的克里斯托弗（Christopher）和14岁的伊丽莎（Eliza）。克里斯托弗出生后不久，米娜和加文之间就开始出现问题。有了俩孩子后，米娜感到前所未有的焦虑；想到两个小生命完全依赖于她，她就感到害怕。但当她试图跟加文说说自己的感受，寻求理解和支持时，他却不愿意交流。他说他的压力也很大，抚养孩子超出了他的预期。

随着时间的流逝，他们之间埋下了更多怨恨的种子。六年前，加文的父亲去世了，失去父亲后的他非常颓废，并从此一蹶不振。原本就疏离的他变得更加寡言少语、固执己见。他开始酗酒，一直醉醺醺的。

一开始，米娜试图在他悲伤的时候支持他。她会做他爱吃的饭菜，给他按摩背部，跟他谈心。有那么一两天，她觉得自己又和他心意相通了——他会从他所处的黑暗空间爬出来，他们会欢笑轻松地度过一天——但随后，他又故态复萌，拿起酒瓶并退回到他自己的世界里。当她建议他治疗时，他会离开房间，几个小时都不和她说话。

在过去的六年里，米娜一直试图不承认自己变得多么孤独和痛苦。回忆起早年与加文在一起的日子，她痛苦不堪。无数次，她要求他多帮她带孩子，少喝酒，对她表示一点爱意。有时，他会变得有防备心，完全不理她；有时，他会努力正常一两天，然后又故态复萌。起初，她拼命抓住这些渺茫的希望，心想："就是这样！他终于听到我说话了！"但是，在经历了这么多次失败之后，她开始接受他不会改变的痛苦现实。

随着加文酗酒情况的不断恶化，米娜开始接受这样一个事实，即这段婚姻对她和她的孩子来说都是不健康的。经过几个月的不眠之夜，她鼓起勇气告诉加文她想离婚。这次谈话比她预想得还要艰难；几个月来，她第一次看到加文脸上闪过真正的情绪。他没有求她留下或再次尝试，他静静地听着，当她说完以后，他走出了房间。

接下来的四个月里，一切都在忙碌和悲伤中度过。加文搬走了；米娜聘请了一名律师，与孩子们交谈，并把这个消息告诉了她的家人和朋友。她知道她做出了正确的选择，但这并不能减轻痛苦。

悲伤是复杂的

我们倾向于把悲伤与死亡相提并论，但它可以适用于任何失去或结束：离婚、疏远、离职或搬离社区、脱离宗教、绝交等。即使我们结束了明知对自己有害的人际关系，我们也会有融合了失落、自豪、悲伤、坚决、绝望和解脱的奇怪情绪。我们可能前一天还为自己的决定感到高兴，后一天就会被怀旧的回忆淹没。我们可以认识到，这些复杂的情绪完全是自然表达的，我们可以通过这些情绪轻轻地抚慰自己，而不是要求自己一直有任何一种单一的情绪。

悲伤的常见伴侣

当我们勇敢地选择离开一段人际关系或社区时，其他人对我

们决定的负面反应可能会加重我们的悲伤。我们可能会遭遇如下
情况。

打破循环的痛苦

在功能失调的家庭、朋友圈和社区中，围绕功能失调行为设
定界限的人往往被认为是功能失调的人。当我们最终为家人的成
瘾、伴侣的虐待或社群的有毒模式设定界限时，我们可能会发现
自己成了问题的替罪羊。通过直接解决不健康的循环，我们迫使
功能失调成为焦点，而群体中的其他成员并不总是准备好或愿意
面对它。如果他们没有准备好或不愿意面对，他们可能会把自己
的不适感转移给我们，责怪我们制造麻烦，而不是维持和平。

他人评判的痛楚

离开一段人际关系或一个社群的决定是高度个人化的。它往
往是成百上千个不眠之夜的结果，是与值得信赖的知己含泪交心
的结果，是为了让无法挽回的事情变得可行而孤注一掷的尝试。
因此，当其他人——尤其是值得信赖的人，如家人或朋友——不
支持我们设定的界限时，我们会感到特别受伤。

当我们疏远虐待自己的父母时，他们可能会说我们"反应过
度"；当我们最终结束一段不幸的婚姻时，他们可能会说我们"不
够努力"。这些评判可能会打开一个缓慢漏水的自我怀疑的水龙
头："他们是对的吗？我反应过度了吗？我是个可怕的人吗？我是
不是犯了大错？"

在这些时刻，重要的是我们要记住，其他人不会像我们一样
体验我们的人际关系。他们可能会看到公开的一面——Instagram
上的照片、社交聚会上灿烂的笑容——但在私下里，只有我们自
己知道这些人际关系是如何影响我们的自尊和心理健康的。

为过去的自己感到悲伤

有时，我们只有远离旧环境，才能认识到我们痛苦的严重性。有时，我们需要离开一段人际关系，才能看到它是如何伤害我们的。有时，直到多年以后，我们与朋友分享自己的故事，看到他们眼中因为我们的苦痛而呈现的怜悯时，我们才意识到曾经自己有多么艰难。

勇敢地选择离开一段人际关系或一个社群，会让我们对过去的自己感到悲伤。终于从有毒的循环中解脱出来，我们可以停下来，深呼吸，审视自己的处境。在这个陌生的空旷中，我们可能会为那个长期忍受毒害的自己哀痛不已。

为过去的自己悲伤，虽然痛苦，但实际上是一种深度治愈的迹象。这可能是我们第一次真正允许自己用无拘无束的心去感受我们所经历的痛苦。这种痛苦肯定了我们过去的自己值得更好的对待。我们无法改变自己的过去，但我们可以用悲伤来坚定自己的承诺：永远不再讨好。

应对悲伤

如果我们一生都在逃避悲伤，我们就会一直被困在伤害我们的人际关系、社区和环境中。尽管它们可能让我们很痛苦，但悲伤的火焰在我们开始接受治疗时是必要的：勇敢地迈向人生的下一个篇章。以下方法可以帮助我们抚慰悲伤。

一天一天来

当我们身处悲伤的黑色海洋中时，面对痛苦，我们可能会被诱惑着去寻找快速的解决办法。我们可能会读无尽的文章、翻阅自救书籍、收听数小时的播客，只要能让痛苦快速消失，什么都可以。

但没有快速的解决办法。放弃你需要更加努力才能找到解决这种痛苦的想法。你可以感到安慰的是，感受悲伤是你唯一必须做的"工作"——你不必一下子感受到所有悲伤。当你感觉痛苦不堪时，你可以借用十二步计划中的一句格言，记住：你只需要一天一天地熬过去。如果觉得一天的时间太长，那就一个小时或者一分钟。

加文搬走后，米娜趁孩子们上学时收拾屋子。她走进自己的卧室，看到衣柜里他那半边已经空了，他的床头柜也空了。空虚感像一记重拳打在她的心上："天哪，一切真的结束了。"她悲痛欲绝，跪倒在地。记忆不由自主地涌入她的脑海：她和加文早期的约会，那时她觉得一切皆有可能；他们和孩子们围坐在厨房的餐桌旁，一起欢笑的难得的好时光。

她泣不成声，任由悲伤席卷而来。她想："我该怎么熬过去？这种痛苦何时才能结束？"

当她发现自己的思绪转向未来时，她鼓励自己一天一天地走下去。今天，她要做的就是：收拾房间；去接参加垒球训练的伊丽莎；做晚饭；做任何她今晚需要做的事情，无论是洗个热水澡、看会儿无聊的电视，还是给朋友打个电话好好哭一场，都能让她感觉好起来。她深吸一口气。只关注今天，会让自己稍微好受一点。

牢记你的收获

在悲伤的阵痛中，我们的注意力都集中在失去的一切上。我们很容易忘记，通过这种转变，我们也得到了一些东西：我们自己。

考虑一下：通过这个决定，你还收获了什么？你是否获得了对自己生活的主导权？你是否收获了更深层次的自尊或自信或身心健康？你是否建立了更健康、更互惠的关系？

下一次，当米娜发现自己迷失在幻想中，重温与加文的美好回忆时，她会问自己："我从这个决定中得到了什么？"

她回顾了近几年的生活，回忆起自己在婚姻中变得多么空虚。她与加文的关系一直是痛苦和压力的根源；她花了大部分的时间关注他喝了多少酒、他在家里做了多少家务以及他和孩子们说话时的脾气。她意识到，在他不在的日子里，她确实会感到悲伤，但在悲伤之下，她也会感到一种陌生的心灵平静。她不再关注他的行为或决定，她要考虑的只有自己和孩子们。

米娜的婚姻也让她觉得自己不受欢迎。她忍不住把加文的疏远和冷漠理解为她有问题。多年来，她曾多次这样想："如果我再漂亮一点，就能吸引他的注意力了……如果我更有趣一些，他就会在意我说的话……"这些负面的想法在她的脑海中循环往复。现在她意识到，选择不妥协于疏远、冷漠和不平衡是一种强大的自尊的表现。这是痛苦的，但也奇怪地令人感到力量增强：通过让自己脱离婚姻，她向自己表明，她确实值得拥有更好的生活。对米娜来说，考虑约会还为时过早，但她认识到，只有离开加文，她才能让自己有机会在未来的某一天再次找到真爱。

举行悲伤仪式

当我们发现自己在治疗的过程中感到悲伤时，我们可以通过留出一段时间举行仪式来纪念我们的失去。悲伤仪式可以帮助我们将哀悼正常化、系统化，并穿越它。研究表明，悲伤仪式实际上降低了悲伤的强度。

我们可以通过以下方式来纪念我们的失去：点燃一支蜡烛以此纪念已经结束的一切；在纸上写下我们要释怀的东西，然后将其投入火中；收集代表我们失去的照片；去一个在这段关系中具有特殊意义的地方旅行；为即将结束的这一篇章写一篇悼词；在冥想或祈祷中默哀片刻。

记录走出悲伤

就像海边的潮汐，我们的悲伤时涨时落。早上喝咖啡时，我们可能会哭泣，但到了午餐时间，我们又会重新雀跃起来。晚餐时，我们可能又会感到闷闷不乐。但一小时后，我们又会因最喜欢的喜剧而开怀大笑。悲伤的起伏帮助我们记住，我们有可能感受到另一种更好的情绪。

品味走出悲伤。注意你的轻盈、你抬起的眼角、你积极思考未来的能力。给未来的自己写一封短信或录制一个短视频，当你需要提醒自己这些更美好的时刻确实会发生时，可以回顾一下。

一天，米娜和克里斯托弗去接参加垒球训练的伊丽莎。这是五月一个温暖的傍晚，也是一年中初次可见萤火虫飞在田野上。伊丽莎问他们能不能在回家的路上买个冰激凌，虽然米娜在分居后一直试图节俭，但她想："管它呢。我们都来一个。"

当他们在冰激凌店外排队等候时，伊丽莎兴致很高，踮着脚蹦蹦跳跳地讲着她在训练中打出的一个全垒打。米娜微笑着侧听着，欣赏着渐渐变暗的粉色天空。她惊讶地发现，此时此刻，她真的很开心。她用双臂搂住孩子们，孩子们都咕哝着，对母亲公开表达爱意感到难为情。"妈妈，别这样，"伊丽莎苦着脸说，"这里有我们学校的女生。"米娜大笑起来，根本没有放开。

那天晚上，她记录下了这一天。她记下了她所能记得的所有
细节：粉色的天空、伊丽莎明朗的笑声、克里斯托弗尴尬的微
笑、萤火虫。米娜以"我知道日子会很艰难……但下次当你沉浸
在悲伤中时，请记住这样的幸福是存在的"结束了她的日记。她
合上日记本，并向自己保证，当她需要振作时，一定会再来看这
篇文章。

重塑结局

通常，我们生命中最美好的事物都源于结束。想想你今天
感到自豪或高兴的事情，再想想为了实现这件事需要结束的许多
篇章。

也许你需要经历痛苦的分手，才能找到生命中的挚爱；也许
你需要历经失业，才能发现你现在更有成就感的职业；也许你需
要离开原来的社交圈，才能找到真正适合你的朋友。当时，一些
结局可能会让你觉得难以忍受。但事后看来，这些结局对于你现
在的处境显然是必要的。

当我们打破讨好行为模式时，我们面临的失去也是一样的：
痛苦但必要的里程碑。霍莉·惠特克（Holly Whitaker）经常写关于
结束与新开始之间空间的文章，她解释道："在某些时候，我们会
清楚地认识到，我们所认为的转错弯、犯错误、倒退或停滞不前
的时期并不是某种程度上的偏离，而实际上是这条道路不可或缺
的一部分，有时甚至是最重要的一部分。但在你深陷其中时，事
情从来都不是这样的。我们从未经历过惊人转变的地狱之火，也
从不认为这是应该发生的——我们只对愉快的、想要的事情有这
种想法。"

如果这种转变——以及随之而来的悲伤——其实是应该发生的呢？如果这种焦虑不安的时刻正是我们现在应该经历的呢？

欢迎来到低谷期

当我们开始为我们的人际关系设定更高的标准时，从我们设定这些标准到我们的生活中充满了符合这些标准的人之间会有一段时期。我把这种状态称为低谷期。

低谷期是介于过去与未来之间、旧自我与新自我之间、熟悉与不确定之间的临界空间。当我们发生改变时，我们可能会发现自己身处低谷期。

- **我们的关系**："我曾经与他们有关系，但现在我是一个人。"
- **我们的社群**："我曾经是那个团体的一员，但现在我不知道我的组织是谁。"
- **我们的职业**："我曾经做过那份工作，但现在我不知道我的职业是什么。"
- **我们的信仰**："我曾经持有这些信仰，但现在我不知道我信仰什么。"

低谷期最困难的一面是：当旧的联系结束，而新的、更健康的联系尚未形成时，我们会感到孤独。由于我们基于他人建立了很多自我认同——帮助他人、讨好他人、获得他人的认可——在这些脱离时期，我们可能会感到尴尬、不完整或没有目标。我们可能会感觉像是在和一个陌生人进行尴尬的第一次约会，从某种程度上来说，我们确实是在和陌生人约会：这个陌生人是我们长期以来忽视的自我。

在这些黑夜里，我们可能会怀疑我们的自我倡导。我们可能会想，要求从我们的人际关系中获得互惠、尊重和善意是否"太挑剔"。（我们不是。）我们可能会想，我是否应该就此妥协？（不！）

我们必须记住，如果我们背弃了我们的标准，我们就会不断发现自己处于令人失望的人际关系中。我们现在所感受到的孤独，是我们在与他人的交流中体验快乐和互惠的先决条件。当我们打破讨好行为模式时，我们就不会再与每一个对我们稍有兴趣的人建立关系。我们不再让对认可的渴望驱使我们去汲取别人点滴的关注。现在，我们期待着一场盛宴。

重新审视米娜

加文搬走已经六个月了。虽然米娜认为最悲痛的时候已经过去了，但她现在无依无靠、孤独无助。她不确定自己属于哪里，或者与谁在一起。

米娜和加文因为孩子们还保持着联系，但当他们交谈时，却保持着礼貌的距离。她曾经和加文的妹妹和母亲关系很好，但自从分居后，她们也变得疏远了。米娜知道，她们希望她能更努力地让一切恢复正常。就连米娜与朋友的关系也在不断变化。她的许多朋友都是她在婚姻期间认识的夫妻，自从分居后，她能感觉到他们有了站边的压力。

米娜觉得自己生活的方方面面几乎都在转变。她无法摆脱这样一种感觉：她在等待新生活的开始，但到目前为止，她所拥有的只是过往。

充分利用低谷期的方式

虽然我们期待走出低谷期，但这段时间包含着我们在其他地方找不到的重要礼物。只有在这里，我们才能清楚地看到新的可能性。只有在这里，我们才能毫不掩饰地以前所未有的方式优先考虑自己。以下四种方式可以帮助我们充分利用这段时间。

让你在这里的时间有意义

正如我们在第十五章中讨论的，我们告诉自己的关于负面情绪的想法会影响我们对这些情绪的强烈感受。把我们在低谷期中的不适或孤独判断为"错误"或"我们将永远孤独的迹象"，只会给我们带来不必要的伤害。

相反，我们可以赋予这段时间以意义。我们可以考虑我们在低谷期的时间是如何在多年的自我忽视之后加深我们与自己的关系的一个机会，是在新的爱好或激情中找到意义的一个机会，是优先考虑我们自己的身体健康、心理健康或创造性追求的一个机会，甚至是邀请我们以独处和有意义的方式探索我们的精神生活的一个机会。最终，我们可以将对低谷期的理解从与他人断绝联系的时间转变为与自我重新联系的时间。

对于米娜来说，过去的十七年都是在照顾加文和她的孩子们，她想利用低谷期来加深她与自身的联系并重建自信。多年来，她一直没有时间或精力来优先考虑自己的愿望或需求，可以优先考虑自己的愿望和需求的想法让她不禁会心一笑。在她的婚姻生活中，有很多事情她都希望自己有时间去做。伊丽莎还是个婴儿时，她买的那架钢琴一直放在房间里没有动过；去年母亲节收到的按摩礼券一直放在钱包里没有用过；几个大学时的老朋友曾主动联系她，想和她聚聚，但她一直没有时间。

"轮到你了。"米娜告诉自己。她查看日历，找一个日子来使用她的礼券，然后拿起手机给她的大学朋友发了一条短信。

汲取教训

低谷期让我们能够以敏锐、有洞察力的眼光回望我们已经摆脱的人际关系。这是一个很好的视角，让我们进行评估：评估哪些是有效的，哪些是无效的，以及我们从自己的经验中学到了什么。我们以前认为是正常的行为，现在看来可能无法忍受；我们认为是真理的观念，现在可能觉得站不住脚、不重要。我们甚至会对自己的旧模式感到惊讶，因为我们第一次认识到，我们是如何为了他人的舒适而拿自己不当回事的。

如果没有低谷期的新视角，就不可能有这些见解。在此，我们不妨探讨一下：有哪些事情我们当时认为是正常的，而现在却认为是不可接受的或不健康的？我们在哪些方面让自己低到尘埃，使那段关系得以维持？那段经历是如何阻碍我们成为最完整的自己的？那段经历告诉我们需要从未来的关系中获得什么？在了解了我们现在所知道的一切之后，我们在追求新的联系时应该防范哪些自我放弃的模式？

承诺新的边界和底线

在低谷期，我们可以确立新的底线。脱离了旧环境的压力，我们可以确立新的界限，而不必担心他人的负面反应。孤独的一个好处是，它为我们提供了一张白纸，我们有机会按照自己的方式设计自己的生活。

为了发现这些新的界限，我们可能会问：在以前的情况下，

我们是如何使自己承担过多的？当时我们忽视了生活中的哪些方面，而现在我们不想再忽视了？我们对哪些事情说了"是"，而今后却想说"不"？我们的新底线是什么——我们绝对不会再容忍的行为或模式？

低谷期几个月后，米娜觉得自己已经准备好开始约会了。这个想法让她既兴奋又害怕。她想认识新朋友，但她的婚姻太痛苦了，她害怕重蹈覆辙。

她花了一些时间写日记，反思自己对未来恋爱对象设定的新界限和底线。她写道："不酗酒。用言语和行动自由地向我表达爱意。积极关注对方的心理健康。能够并愿意就情感问题进行对话——我的和他的。"

然后，米娜思考了她以前使自己承担过多但现在不想再这样做的方式。她写道："在未来的关系中，我不再做一个主动安排约会之夜和共处时间的人。我需要回报。我不会承担全部家务和育儿的责任，这些都需要共同承担。如果伴侣在公共场合无礼或好斗，我不会替他道歉。他是成年人，要对自己的行为负责。我也不会成为每次争吵后唯一一个收拾残局的人。我需要一个能够并愿意在分歧后修复关系的伴侣。"

审查她的答案时，米娜第一次感到了一种安全感——她有了自己的支持。

以温柔为先

尽管低谷期让我们有时间思考过往经历中的所有教训，但度过这段时光并不轻松。它的不确定性会给身心带来负担，我们在这时要对自己温柔。

身处低谷期，内在的转变会自动激发，因此我们不必不断地

"努力"改变。事实上，用温柔和关心来照顾自己，可能会让我们一改往日的作风，因为温柔本身就是内在的转变。在低谷期，考虑一下如何放松对自己的期望、为休息和放松留出充足的时间、拥抱大自然或尽情享受所爱的人给予你的关心和支持。

开始约会几周后的一个周五晚上，米娜坐在家里。她的两个孩子都出去了，在寂静中，她内心并不宁静。她为自己正在建立的生活感到自豪——她参加了几次有希望的约会，和几个老朋友建立了联系，还花了很多时间弹钢琴——但有时，她仍然感觉很艰难。漫漫长夜，她在思考如何度过。她考虑过读一本自救书籍，但说实话，她已经厌倦了提升自己。她只是累了。

在沉默中，她说："这很难。"她的声音在周围空荡荡的厨房里回荡。

她鼓起勇气，重复道："这很难！"

这种自我承认让她感到自己的感觉是合理的。她决定，今晚自己唯一的工作就是照顾好自己。她打电话给她最好的朋友里斯（Reese），里斯住在几个州之外。里斯在铃声响起的第一时间接起了电话。

"嘿，"米娜脱口而出，"这个周五晚上糟糕透了，我太难过了。想和我喝喝酒，聊聊电视节目吗？"

里斯笑着同意了。一小时后，米娜穿着睡衣和拖鞋，手拿酒杯，听着里斯说的话哈哈大笑。米娜知道自己不会永远待在低谷期，这样轻松愉快的时刻足以让她继续前进。

健康基础上的新起点

当我们敞开心扉迎接新的开始时，我们应记住，它们并不总

是轰轰烈烈地出现；有时，它们会以最偶然的方式出现。《转变之书》（*Transitions*）的作者威廉·布瑞奇（William Bridges）写道：

> 回想一下自己过去的重要开端。你偶遇一位多年未见的老朋友，他告诉你他的公司当天早上刚有一份招聘的工作。你在一次聚会上遇到了你的未来伴侣，而那次聚会你并不想去，甚至差点没去。你在麻疹痊愈期间学会了弹吉他，你学了法语，因为西班牙语课在早上八点开始，而你讨厌早起……所有这些经历给我们的教训是，当我们准备好重新开始时，很快就会找到机会。

新的友谊、恋爱关系、职业、社群和信仰体系等这些可能会巧妙地进入我们的生活。它们可能出现在：一次偶遇中，社区广告牌上的一张传单中，陌生人的一个微笑中。在这来之不易的肯定、自信和自尊的基础上建立牢固的新关系，是多么有意义的事情。

4

充实自我

第十八章　没有我，就没有我们

在第四部分中，我们将探讨当我们摒弃讨好行为时，我们的生活变得丰富多彩的多种方式。打破这种模式的最大收获就是最终能够与他人建立真正亲密的关系。当我们讨好他人时，我们活在面具之下：我们从未给他人真正了解我们的机会。我们不表达自己的意见，避免冲突，放弃自己的需求，希望我们的努力能给我们带来爱、幸福和归属感。但事实上，我们对他人的讨好阻碍了我们与他人建立亲密关系。无论人们多么喜欢我们的面具，我们始终被一种感觉所困扰，那就是我们从根本上是被忽视的和不被了解的。

Intimacy（亲密）一词源自拉丁词根 intimus，意为"最内在的"。向亲密关系敞开心扉，需要让他人了解最内在的我们。它要求我们分享自己内心深处的激情和梦想。它要求我们如实地表达自己的感受和需求，即使这很难做到。归根结底，接受亲密关系的邀请意味着，在多年很少展现自我的关系中，我们要更多地展现自我。

在本章中，我们将探讨在人际关系中培养真正亲密关系的三个关键。我们将揭穿"压抑自己是建立人际关系的关键"这一谬论，挑战"我们应该不惜一切代价避免冲突"这一观念，消除"妥协总是好主意"这一想法。

占据空间吸引正确的人际关系

在过去的两年里，希亚拉（Ciara）一直在努力打破讨好行为模式。这很有挑战性，但也很值得。她比以前更能自在地提出要求和设定界限。当她发现她的伴侣查德（Chad）无法满足她的情感需求时，她结束了他们的关系。那是六个月前的事了，现在她已经准备好约会了。

就像许多正在摆脱讨好行为模式的人一样，希亚拉也有过一段令人不满意的恋爱史。过去约会时，她努力做到尽可能地迁就和不引人注目。当男人们谈论他们的工作、爱好和朋友时，她会静静地听着。当约会对象把问题抛回给她时，她会自觉地转移话题："哦，我的工作很无聊，根本不值一谈。对了，你周末都做些什么呢？"

希亚拉对与她约会的男人赞不绝口，假装对他们的爱好感兴趣，却很少谈及自己的感受、需求和梦想。因此，她吸引来的都是健谈、帅气、霸道的人。他们喜欢有这样一个伴侣，对他们全心全意，却很少要求回报。

希亚拉总觉得自己在这些关系中被忽视了。就像许多讨好型的人一样，她渴望她的伴侣了解她、重视互惠、对她像她对他们一样感兴趣。回顾过去，希亚拉发现，为了寻找爱情压抑自己是行不通的；压抑自己只给她吸引了那些不能以她所需要的方式来爱她的人。

压抑自己只会引来错误的人际关系

在我们年轻的时候，很多人都会因为压抑自己的需求、隐藏自己的情感、将自己的兴趣与他人的融合在一起而获得奖励——奖励的形式包括安全、保障、关爱、感激或关怀。随着时间的推移，我们中的许多人开始相信，自我压抑是获得联系的关键。当我们与潜在的朋友和伙伴建立新的关系时，我们依赖于这些旧的策略。在某些方面，我们的方法是成功的。压抑自己的确能获得新的联系，但通常不是我们需要的联系。

花点时间反思你曾经为了赢得他人的喜爱而压抑自己的需求和感受的时候，你的努力是否换来了让你真正感受到被看见、被理解、被欣赏的朋友和伴侣？你是否最终得到了你一直期待的互惠关系？还是像希亚拉一样，你觉得自己被忽视了，并因此产生怨恨？被困在只有付出没有回报的人际关系中，你想着："如果他们知道我的真实感受和需求，他们就不会留在我身边了吗？"

我们过去的感情经历都是我们需要的证据，证明压抑自己只会吸引错误的人际关系。当我们从不以我们的声音占据空间时，吸引来的人往往只对我们缺乏声音感兴趣；当我们没有任何界限时，吸引来的人往往只对我们缺乏界限感兴趣。具有讽刺意味的是，为了变得可爱而减少我们的需求，往往会让我们直接投入那些不能或不愿全心全意爱我们的人的怀抱。

通过改变我们在新关系中的表现方式——从一开始就让我们被他人了解——我们就能找到接受真实的我们的朋友和伴侣。

我们是人，不是镜子

讨好型的人最常见的一种压抑自我的办法就是成为人际关系中的镜子。我们并没有把自己的愿望、需求、故事、观点等全部呈现出来，我们只是反射回别人想要的、需要的和相信的信息。我们根据别人的兴趣来调整自己的兴趣，让自己的梦想与别人的梦想一致。慢慢地，我们就会完全被别人的个性掩盖。心理治疗师埃丝特·佩瑞尔（Esther Perel）断言，真正的亲密关系不可能来自这种融合，它只能来自自我与他人之间的相互作用。她在《亲密陷阱》（*Mating in Captivity*）一书中写道：

> 我们对相聚的需求与对分离的需求并存。两者缺一不可。距离太远，就不可能有联系。但过多的融合又会消除两个不同个体的独立性。这样就没有什么可以超越了，没有桥可以走，没有人可以去到另一边，没有其他的内在世界可以进入。当人与人融合在一起——当两个人合二为一——联系就不再可能发生了。没有人可以与之相联。

当我们打破讨好行为模式时，我们就会开始明白，建立亲密联系需要我们在人际关系中展现我们个体化和真实的自我。因此，当我们与朋友和伴侣建立新的联系时，我们要用自己的想法占据空间。我们发表自己的观点，我们分享自己的兴趣爱好，我们开始占据人际关系中本应属于我们的那 50%。

就像我们压抑自己会吸引喜欢我们压抑自己的人一样，我们占据空间也会吸引喜欢我们占据空间的人，我们表达自己的感受同样会吸引喜欢我们表达自己感受的人，我们在关系中展现真实的自我会吸引喜欢我们展现真实自我的人。

随着时间的推移，这种令人眼花缭乱的自我与他人之舞让我们的人际关系变得更加广阔、多彩和充满活力。它们第一次感觉像是真正的关系，而不仅仅是回音室。

我们不是注定要和每个人都合拍

如果有人在我们展现真实自我时不喜欢我们，这并不意味着我们不应该做真实的自己。这只意味着我们并不合拍——我们不是注定要和每个人都合拍。

当我们还在讨好他人的时候，我们对他人不感兴趣的反应是："我怎样才能减少我的需求，让他们喜欢我？""我怎样才能隐藏他们不喜欢我的部分？"现在，我们对他人的不感兴趣做出的反应是感激，或者至少是接受。归根结底，他们让我们免去了与不会在意我们的感受和需求的人建立关系。

当我们放弃被所有人喜欢的想法时，我们最终允许自己变得真诚——只有通过真诚，我们才能找到欣赏我们的人，他们欣赏我们是因为我们自身而不是因为我们假装成为的模样。

希亚拉的故事

希亚拉发誓在这段约会期间不再压抑自己。吃饭时，她不仅问问题，还分享了自己的经历。她谈到自己在非营利机构工作的利弊，她讲述自己朋友的故事，她敞开心扉讲述自己环游世界的梦想。一开始，以这种方式占据空间令人紧张，但感觉很好。

一些约会对象会对她所说的话很好奇也很感兴趣。他们会跟着大笑、会追问，他们也会分享自己的故事。在这些时刻，希亚拉觉得自己建立了真正的联系；她让自己被看到，而其他人也对他们看到的东西充满热情。遗憾的是，有些约会对象却对此不屑。有些人似乎无法感同身受，有些人对她的兴趣不以为然。冒着风险去约会却不被理会让人很受伤，但她提醒自己："反正他们也不合适。"

几周过去了，希亚拉和内森（Nathan）第二次约会，然后第三次、第四次。他很有魅力，为人和善，随着他们的关系日益密切，希亚拉注意到，受到许多的关爱和照顾是多么陌生的感觉。

内森邀请希亚拉观看他的乐队演出。几周后，她邀请他在非营利组织的慈善晚宴上做她的男伴。在满屋子的陌生人面前，他表现得自信大方，当他们手牵手走回家时，他低声说："那真是太棒了。我真为你感到骄傲。"

六个月后，希亚拉和内森幸福地结为伴侣。他们认识了彼此的朋友，他们去了彼此最喜欢的餐馆，他们敞开心扉谈论自己的焦虑和恐惧。他们之间的关系是如此令人满意，充满了爱意，以至于希亚拉不得不怀疑："一段感情真的能有这么好吗？"她想知道。

但有一天，发生的一些事情，让希亚拉质疑内森是否真的像他所说的那样在乎她。

在亲密关系中，冲突不可避免

每年夏天，内森的大学朋友们都会聚一次，进行为期一天的漂流和烧烤。当内森邀请希亚拉加入时，她很兴奋，她以前听内森提起过这个活动，她很感激能有这个机会与他的朋友们认识。

当他们把车停在河边时，十辆满载内森的朋友的车已经停在那里，他们正在卸下装备并给橡皮艇充气。内森在人群中走来走去，互相问候和拥抱，而希亚拉则尴尬地等待着介绍。当他明显忙着交谈时，她自我介绍并开始独自卸车。

到了漂流时间，大家聚在一起商量如何分配橡皮艇。内森搂住他的朋友乔（Joe）。拍了拍朋友的胸口，说道："我们俩在一起，就像大二时一起住宿舍一样。"

随着小组成员开始配对，希亚拉感到自己被遗忘了。她不认识内森的任何朋友；她希望内森能更加努力地接纳她。最后，她和劳伦（Lauren）、塞奇（Sage）这两个女人结伴而行。当她们顺流而下时，她喜欢和她们闲聊，珍惜阳光照在皮肤上的感觉——但她心事重重。

一天的其余时间以相同的方式展开。漂流结束后，大家在一个野餐地点安顿下来进行烧烤、生篝火。内森沉浸在朋友们的欢声笑语中；他一整天几乎没和希亚拉说过话。她很不高兴。她想："如果他不打算理我，为什么还要邀请我呢？他真的希望我在这里吗？"

当夜晚最终结束时，所有人都回到了停车场。当内森和希亚拉开车回家时，她感到胸口一阵拉扯。

"这一天真爽，"内森双手扶着方向盘，高兴地说，"你真该看看，我和乔一度直奔河边的岩石而去，差一点就撞上了。"

希亚拉试图露出她最灿烂的笑容。"哦，是吗？"她回答道，"怎么回事？"

在他讲述故事时，她努力集中注意力。他们到达他家，穿过前门。"嗯，你觉得怎么样？"他边脱外套边问她，"很好玩的吧，对不对？"

她不确定该说什么。她很受伤，是的，但她又怕破坏了今晚的气氛。另外，他们以前从未争吵过；她担心，一次分歧可能标志着他们正在发展的爱情的结束。

避免冲突会阻碍亲密感

对于正在摆脱讨好行为模式的人来说，没有什么比冲突更可怕的了。在过去，我们为了避免冲突不惜一切代价：审查我们的感受，压制我们的需求，把我们的不满藏在心底以保持和平。我们用完整的自我换取了完美和谐的假象，随着时间的推移，这产生了严重的负面影响。我们不仅在人际关系中感到痛苦的沉默，有时，我们还感到痛苦的孤独：我们是未说出的怨恨的隐秘世界的唯一居住者。为了避免冲突，我们把自己的一部分隐藏起来，这样做，我们就避免了真正亲密的可能。

在我们的亲密关系中，冲突不仅正常，而且不可避免。我们肯定会伤害别人的感情，别人也会伤害我们的感情；我们是人，是人都会犯错。面对这些不可避免的错误、不匹配和差异，我们可以有一个选择。我们可以避免冲突，保持沉默，把伤害埋藏在表面之下——或者我们可以说出来，诚实地表达，相信即使很难启齿，关心我们的人也想听到我们的感受、我们的需要以及我们是如何受到伤害的。

这并不意味着他们总是会认同我们的感受，满足我们的每一个需求，或者完美地回应对我们的不满。但在健康的人际关系中，人们宁愿选择令人不快的诚实而不是不诚实，因为不诚实会滋生不信任和随着时间发酵的怨恨。只有当我们诚实时，我们才能作为一个团队进行评估：我们在哪里可以修补，在哪里可以妥协？我们在哪里可以找到共同点？我们怎样才能向前迈进？在真正亲密的关系中，解决冲突是一个合作的过程，而不是一个人为了保持和平而暗中默默进行的过程。

如何处理冲突才是关键所在

戈特曼研究所（Gottman Institute）的研究表明，冲突的出现并不能预示一段关系的成败，重要的是如何处理冲突。某些处理冲突的方法具有破坏性：它们会加剧分歧、降低冲突被解决的可能性并放大恶意。其他方法则具有创造性：它们为相互理解创造了可能性，增加了找到共同点的机会。

根据戈特曼研究所的研究，这四种行为——被称为"四骑士"（The Four Horsemen）——会加剧冲突，甚至能预测已婚夫妇早期离婚的可能性：

- **批评**：针对个人的性格或个性表达负面情绪，而不是针对具体的行为或事件（例如，"你太懒了"，而不是"我很生气你没有帮我准备派对"）。
- **蔑视**：以不尊重对方或站在优于他人的立场表达不满，通常表现为讽刺、愤世嫉俗、翻白眼或嘲笑（例如，"所以你只能吹几个气球，对吧？我早该知道不能对你有更多的期望"）。
- **防卫**：以受害者的姿态来推卸责任（例如，"你为什么总是对我唠叨？我做什么都不对"）。
- **冷战**：为了避免冲突并表达不满而退缩（例如，在讨论中，一个人低头看手机，避免眼神接触，并保持沉默）。

许多正在摆脱讨好行为模式的人都熟悉"四骑士"，因为这是我们所知道的唯一的冲突模式。我们中的许多人在原生家庭中目睹了批评、蔑视、防卫和冷战，并在成年后对伴侣和朋友的这些行为产生了期待。难怪我们开始相信我们应该不惜一切代价避免冲突。

现在，随着我们建立更健康的人际关系，我们开始明白，冲突可以成为双方倾听彼此的担忧、为所造成的伤害承担责任、重建信任的机会——这让我们的人际关系有机会通过讨论、协商和修复变得坚韧。以修复为结局的冲突可以是极其治愈的：这是一种直观的教导，我们不必放弃自己才能被爱。

他人如何应对冲突对我们很重要

当冲突不顺利时，我们该怎么办？当他人批评、蔑视、嘲讽或评判我们时，我们该怎么办？当他人利用冲突进一步伤害我们的感情或打击我们时，我们该怎么办？

当他人对冲突做出消极反应时，这并不意味着我们不应该表达自己；这意味着我们收集到了重要的信息，了解到我们在哪些方面可能需要新的界限，以及这段关系长期来看有多和谐。冲突有助于我们了解对方是否能够尊重我们的需求和感受，即使这些需求和感受与他们自己的需求和感受不同；他们是否能够为自己造成的伤害承担责任；他们是否能够与我们一起寻求妥协（很快会更多讨论这一点）；他们是否能够道歉和承认错误。收集这些信息可以让我们评估他们处理冲突的方式是否符合我们的需求和界限。

希亚拉的故事（续一）

希亚拉知道，如果她不告诉内森她的感受，这些感受就会发酵，变成怨恨。她脱掉外套，并说道："我真的很喜欢认识你的朋友，他们很可爱，也很有趣。但我想对你说实话，我感到有点受伤。"

内森停下了脱鞋的动作。他转过身看着希亚拉。

"受伤？"他问，脸上露出关切的神情，"为什么？"

她紧握双手，解释道："因为我觉得自己被冷落了，我希望你能介绍我，或者邀请我去你们的橡皮艇，或者在烧烤时关注我一下。我在那里谁都不认识，感觉很尴尬……这让我怀疑你希望我最好没来。"

内森沉默不语，表情痛苦。希亚拉屏住呼吸。

"他会说我太敏感吗？"她很担心。

最后，他叹了一口气，说："希亚拉，我甚至都没意识到。过来。"

他张开双臂，她走进他的怀抱，心怦怦直跳。

"对不起，"他说，"郑重地告诉你，我真的很想你去。只是见到老朋友，我太激动了，都忘了其他事。"

"谢谢。"她轻声说道。

他紧紧地搂着她。"我觉得自己像个浑蛋，"他说，"你为什么不早点告诉我？如果我知道你有这种感觉，我会做得更多，让你融入进去。"

她做了个鬼脸，挣脱开来。"我是说，其实没有机会和你单独聊天，"她难为情地解释道，"另外，在你男朋友的朋友们面前要求他多关注你，这挺尴尬的，你知道吗？"

"是的，我明白，"他承认，"那这样，今后我会做出更多的努力来帮你融入。不过，你也了解我。我真的很外向，有时也会分心、注意不到。"

她点点头，确实如此。他的魅力和社交天性是最初吸引她的部分原因。

"如果我们在公共场合，你再觉得被冷落了，能告诉我吗？"内森问道，"不必郑重其事地谈。你可以上来搂着我，或者在我耳边轻声说'我——现——在——需——要——更——多——的——爱'之类的话。"

他在半开玩笑半认真地说。她笑着翻了个白眼。

"没问题，"她同意了，"嗯，我能做到。"

他紧紧地抱着她，她在他怀里放松下来，如释重负。她很感激他能如此接受她的感受，她也很感激自己说了这些。既然他们成功地进行了一次艰难的对话，她感觉比之前更亲近他了。

第一次冲突之后，希亚拉和内森之间的情意在继续加深。虽然有一些小摩擦，但大多数情况下，他们会继续尊重彼此的感受，并尽可能地满足对方的需求。

如今，已经在一起两年的希亚拉和内森的关系又到了一个困难的时刻。他们刚刚搬到了一起，同居引发了关于他们如何一起度过每时每刻的新问题。希亚拉在非营利机构的工作对社交要求很高，每天她的日程表上都排满了会议，回到家，她已经很累了。她理想中的夜晚是和内森一起看电视放松。与此同时，内森作为一名数据工程师在家工作。他整天坐在电脑前运行复杂的代码，一到下午五点，他就渴望社交。他理想中的夜晚是他们会一起出去吃饭、参加音乐会，或者和朋友一起度过。

在他们同居之前，这些差异并不是问题，他们通常只是周末在一起。现在他们同居了，他们也想在工作日晚上一起出去玩，但因为他们的需求不一致，这对他们来说是个挑战。

了解何时妥协

过去，希亚拉会过度迁就内森的喜好，但久而久之就会感到厌倦。现在，她知道自己需要一条不同的出路。

所有关系都需要妥协

没有两个人的需求、愿望、价值观或梦想是完全相同的。如果我们希望在不可避免的差异和不匹配中维持我们的关系，我们就必

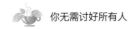

须能够确定：什么是我愿意妥协的，以及什么是我不愿意妥协的。

在我们开始打破讨好行为模式之前，一切都是妥协的结果：我们的需求是可改变的，我们的愿望是可牺牲的，我们的价值观是没有意义的。我们愿意把自己扭曲成人际关系所要求的任何形状：只要能维持他人的好感。现在我们明白了，从长远来看，以这种方式改变自己并不会带来令人满意或互惠的人际关系。（事实上，研究表明，以这种方式频繁过度妥协与抑郁和焦虑的高发率有关。）现在，我们仍然可以妥协，但只有在特定条件下。

我们可以在人际关系中通过以下方式维持自尊：当我们的身心安全不受威胁时；当双方都能够并愿意共同努力寻求妥协时；当双方都在探索多种策略来满足他们的需求时；当我们的核心需求——对我们的幸福、价值观和人生目标至关重要的需求——没有在这一过程中被牺牲掉时。

1. 我们的身心安全不受威胁

任何让我们损害自身安全的关系都不是我们可以健康维持的关系。身心安全的核心、不容商量的要求包括（但不限于）：他们不会对我们造成人身伤害；他们不会嘲笑、羞辱或贬低我们；他们不会斥责、恐吓或威胁我们；他们不会批评我们的长相；他们尊重我们的性界限，不会以任何方式胁迫我们；他们能够道歉并为自己的错误承担责任；他们在我们的关系协议范围内行事（例如，如果我们同意一夫一妻制，他们就不会出轨）；他们信守诺言并在大多数时候都履行他们的承诺。

2. 双方都能够并愿意共同努力寻求妥协

在多年的过度付出之后，我们必须警惕在人际关系中只有我们迁就对方的需求、偏好或界限。毕竟，如果只有我们在妥协，那就不是妥协。为了维持一段关系而长期迁就对方，却很少或根本得不到任何回报，这只会招致怨恨。

当需求不匹配时，成功的妥协需要双方的合作、开明和尊重。两个人都必须能够并愿意问："我们怎样才能一起找到一个足以满足我们双方需求的解决方案？"心理治疗师约翰·戈特曼（John Gottman）写道："妥协永远不会让人感觉完美。每个人都会有所得，也会有所失。重要的是感觉被理解、被尊重和被重视。"

在健康的妥协中，双方都承认对方需求的合理性，即使他们无法满足对方的需求。两个人都试图换位思考，并认识到每条前进道路的利弊。当一方最终在需求或愿望上做出妥协时，另一方会承认他们的决定并对此表示感激。

源于努力合作的妥协有别于因一方否定或贬低另一方需求而产生的妥协。在后者中，我们的"妥协"源于羞愧、自觉意识和对失去的恐惧。我们的"妥协"实际上只是安抚。

希亚拉和内森都明白对方需求的重要性。他不会因为她在忙碌一天后需要放松而让她感到羞愧，她也不会贬低他对社交的渴望。他们并不分享对方的需求，但他们能够理解它们。这种相互理解使他们能够一起寻求解决方案。

3. 双方都在探索多种策略来满足他们的需求

当我们的需求不匹配时，我们可以通过探索哪些策略能够充分满足这些需求，从而努力达成妥协。在这个过程中，我们认识到，我们不会完全按照自己的方式得到刚好想要的东西，但我们也会设定界限，确保妥协不会超越自己的极限。

当希亚拉思考"有什么策略可以充分满足我对休息的需求"

时，她想到了以下策略："如果我大多数工作日晚上都能在家里放松，我就有足够的精力在周四或周五和内森一起外出。下班后我们出去时，我很乐意一起吃晚餐或甜点，但我需要把社交要求较高的外出活动（如与朋友聚会）留到周末。有的晚上，我可以待在家里放松，而内森出去。"

当内森考虑"有什么策略可以充分满足我对社交的需求"时，他想到了以下策略："如果我打算和希亚拉待在家里，我可以在工作结束后出门跑一会儿步。如果我有其他时间外出，我愿意每周有两个晚上待在家里。在我们待在家里的那些晚上，做些积极的事情（比如玩棋盘游戏或一起做饭）会让我很有参与感。有的晚上，我会和朋友出去，而希亚拉待在家里。"

4. 在此过程中不会牺牲核心需求

我们的一些需求是神圣的，不容妥协。每个人都有某些共同的核心需求，比如前面提到的不可协商的安全需求。其他的核心需求则因人而异。

对有些人来说，与恋人生活在同一个城市是他们的核心需求。异地恋会让人感觉过于疏离、聚少离多和不够亲密。与此同时，有些人可能希望与伴侣生活在同一个城市，但如果情况需要，比如出国留学或工作调动，他们也愿意接受异地恋。这不是他们的理想，但也不会是毁灭性的。

归根结底，我们每个人都必须确定某事是核心需求还是可以妥协的需求。对以下任何一个问题回答"是"，都可能表明某件事情是核心需求：在这件事上妥协会从根本上影响我的健康或幸福吗？如果在这个问题上妥协，是否会妨碍我实现长期坚持的目标或梦想？在这一点上妥协是否会让我与自己的价值观背道而驰？

就此妥协是否会导致我长期怨恨对方？

希亚拉的故事（续二）

希亚拉和内森坐下来，比较他们出谋划策制定的策略。两个人都愿意就晚上宅在家里或外出的次数上略作妥协，两个人也都愿意调整共度时光的方式。

最终，他们达成了一致。每周一次，他们会计划一个约会之夜，出去吃饭、喝酒或吃甜点。每周有两个晚上，他们会一起玩棋盘游戏或看电视。每周有两个晚上，他们会分开度过：内森会和朋友一起出去，而希亚拉会待在家里放松。

这种妥协让他们既能充分满足各自的需求，又能享受高质量的共处时光。两个人都希望对方想要的正是他们想要的，但最终，他们还是理解了对方的理由、尊重了对方的需求，并感谢了对方的迁就。

尽管害怕，但还是要做

亲密关系并不适合胆小的人。多年来，我们一直活在讨好的面具下，让他人真正了解自己可能是令人畏惧的，但这是通往真正和持久联系的唯一途径。我们看到，当我们减少自己的需求时，我们的人际关系是怎样的；我们看到，为了保持和平而压抑自己的感受是如何让我们产生怨恨的；我们看到，当我们在对自己重要的事情上过度妥协时，我们的幸福是如何被侵蚀的。

正如希亚拉的故事所示，亲密关系可能是非常脆弱的，也是无限回报的。通过让自己完全融入我们的人际关系中——冲突、妥协和一切——我们开始认识到，我们不需要放弃自己才能被爱。

第十九章　讨好行为模式和性

　　建立情感上的亲密关系需要我们表达我们的愿望，设定界限，并在某些事情不起作用时大声说出来。这些同样适用于建立令人满意的身体亲密关系。

　　性让我们有机会与他人分享自己最亲密的部分。鉴于这可能是很脆弱的，即使我们在生活的其他领域已经成功打破了讨好行为模式，我们也可能会在性方面继续讨好别人。性讨好行为通常表现为：同意我们不想发生的性行为；难以获得快感和／或假装达到高潮；不说出自己的喜好。在本章中，我们将探讨这些模式的起源，并讨论与我们自己的欲望建立强大、真实联系的各种方法。

　　由于性讨好行为常常被蒙上一层羞耻和沉默的面纱，本章大量引用了不同性别和性取向的人的访谈。我希望他们的故事能证实这种模式是多么普遍，并帮助你在自己的经历中感到不那么孤独。

当我们的身体说"不"时却说"是" [⊖]

许多讨好型的人有过同意不想要的性行为的经历：不想要的性行为源于自愿的结果，而不是胁迫、施压、威胁或出于内疚。（由胁迫或压力引起的性行为属于性侵犯范畴，不在本章讨论范围之内。在这里，我们将探讨自愿同意所导致的情况。）

讨好型的人可能会有同意不想要的性行为的行为，因为他们希望得到他人的喜欢，获得他人的认可，或者在某种程度上感觉与他人有联系。正如我们即将探讨的那样，同意不想要的性行为也可能是对过去创伤或性别期望的一种回应。在这种情况下，我们的伴侣并不一定能明显感觉到我们并不享受。毕竟，讨好型的人是世界上最伟大的表演者，已经变得善于说一套做一套。

42 岁的多米尼克（Dominique）与我分享了她的故事："我从17 岁起就和我的丈夫在一起。我已经数不清有多少次在不想做爱的情况下同意他的请求，"她解释说，"在一段关系中，时间长了，就会觉得这是理所应当的。我有时会花上好几天来给自己做心理建设，让自己进入状态。这种行为变得更像是我的'职责'，只是为了完成它。我会发现自己希望它快点结束，并提醒自己，至少过一段时间，我才会因为'需要'再次和他做爱而感到内疚。"

像多米尼克这样的互动司空见惯。妻子没有做爱的兴致，但因为今晚是约会之夜，所以只是走过场。一名大学生在寝室里和朋友发生了关系，因为他觉得让朋友离开很尴尬。暗恋的年轻人为了获得对方的好感，比通常更早同意发生性行为。

32 岁的卡莉（Kali）说出了她的经历："在一段长期感情

⊖　注意，本章包括有关性创伤的讨论。

中，我感觉不到情感上的联系。我对性不感兴趣，但我觉得作为女朋友，我有责任跟他发生性行为。就好像这是我跟他唯一的联系点，"她说，"我变得越来越麻木，与自己的身体脱节。随着时间的推移，我不再考虑自己想要什么。我失去了欲望……我只是有一种本能地想要封闭自己的感觉。我花了很长时间才从中恢复过来。"

正如卡莉的故事所示，当我们自愿同意不想要的性行为时，我们的身体并不一定理解我们大脑这样做的原因。最终，我们的身体会因为不情愿的性行为而存在，其后果可能是轻微的悔恨，也可能是全面的创伤后应激障碍。

没有肇事者的性创伤

2022 年 4 月，我在 Instagram 上分享了一篇文章，讲述了自己同意不想要的性行为的经历。几年前，我曾和一个我不想与其发生性行为的人约会，但却没有勇气告诉他。他没有给我任何压力、胁迫或让我感到内疚，但我还是微笑着，让他真以为我很热情，并与其发生了性行为。

也许我害怕让他失望；也许我认为如果我忽略自己的不感兴趣，只是顺其自然，"也没什么大不了的"。但不幸的是，对我的身体来说，这是一件大事。在随后的几周、几个月和几年里，我与闪回、恐慌发作和其他性创伤症状做斗争。我努力去理解自己的反应，因为无论从哪个角度来看，我都没有受到侵犯——唯一侵犯我界限的人是我自己。但是，我的身体仍然反抗、恐惧和厌恶。

在我的 Instagram 帖子中，我邀请我的粉丝分享他们自己的故事，好奇他们是否能因为我的经历产生共鸣。当数以百计的评论和留言涌入评论区时，我感到非常震惊。一些人表示，在同意不想要的性行为后感到后悔、不舒服或羞愧；还有一些人像我一样，说出了一些症状，如闪回、侵入性思维和恐慌发作，其中一些症状持续了几十年。

由于我们的经历是同意与他人发生性行为但这却是我们不想要的行为，我们很难找到能准确表达我们的痛苦和困惑的语言。我们并不觉得自己受到了侵犯；我们是那些通常热情同意与配偶、伴侣和长期的恋人有身体亲密接触的人。然而，我们的身体却在讲述背叛和痛苦的故事。

一位评论者写道："我也有过同样的经历，这真的让我心烦意乱，但我却无从处理。人们总想找个坏人来指责，如果没有坏人，伤害就不会被承认。和我在一起的那个男人不是坏人……我是自愿的。但这并不意味着这段经历没有给我带来创伤。"

我们很少就同意不想要的性行为进行讨论，原因有几个。我们之所以保持沉默，可能是因为我们以一种发自内心的方式背叛自己而感到羞愧。正如本节开头的多米尼克分享的："我真的无法用语言来讨论发生了什么……我很尴尬。我怎么告诉别人我从未想过和自己的丈夫做爱呢？很明显，我有问题。"

我们也可能会担心，讨论同意不想要的性行为会对那些经历过性侵犯的人产生怀疑。在反暴力领域工作了十多年的性侵犯幸存者克里斯·阿什（Chris Ash）解释说："我们害怕在有关性伤害的对话中引入细微差别，因为我们知道细微差别很可能会被法庭、媒体和施虐者用来对付幸存者……被侵犯永远不是受害者的错。与此同时，有时我们甚至不了解自己的所有性界限，更不用说清楚表达它们了——尤其是考虑到我们中的大多数人很少有机会接受关于性的实际教育，而且我们的文化也很少提供如何协商性界限的模式。"

正如克里斯所说，我们的文化中缺乏语言来描述没有"肇事者"的自愿性行为所造成的性创伤。我们中许多以这种方式去讨好的人都害怕谈论这件事会将我们的配偶、情人或性伴侣不公正地视为攻击者。

尽管这种沉默无处不在，但重要的是要认识到，同意不想要的性行为影响着不同性别和性取向的人。这种情况在那些从小就认为性是她们的职责的人中尤其常见，即在传统性别规范的文化和宗教中长大的女性。

同意不想要的性体验可能会让人感到无比沮丧和困惑。几小时、几天或几年之后，我们可能会回顾并思考："我为什么要那么做？"研究揭示了几种令人信服的解释。

因为我们有创伤史

一些经历过创伤的人会发展出讨好反应，这是一种对压力的反应，他们通过与他人的愿望、需要和要求融合来寻求安全感。当面对引发焦虑的情况时——比如希望暗恋的人回心转意，或者担心自己不感兴趣会伤害别人的感情——一个讨好型的人可能会同意他们没有兴趣的亲密行为。

此外，一些在早年经历过多次虐待的人会发展出习得性无助，在这种状态下，他们会感到自己无力影响所处的环境。这些人学会了唯一的解脱方式就是活在自己的脑海中。精神病学家和创伤专家贝塞尔·范德考克（Bessel van der Kolk）解释说，性虐待幸存者"很容易发展出'专注情感的应对'，这种应对方式的目标是改变一个人的情感状态，而不是改变导致这些情感状态的环境"。与其表达对性不感兴趣或设定界限，有创伤史的人可能会进入解离状态，在他们的身体仍然存在的情况下，心理上将自己从情境中移除。

讨好并不总是对当前危险时刻的反应；就像通常取悦别人一样，它也可能是一种过时的应对机制，是我们对过去危险的反应。我们可能与充满爱心、善良、细心的性伴侣互动，与他们一起我们感到绝对安全，但仍然会因为过去的创伤而讨好他们。

因为我们受到性别角色和性脚本的限制

性脚本是关于两性在做爱时"应该"如何表现的普遍看法。西方的性脚本将男性描绘成总是渴望并主动发起性行为的人，而将女性描绘成更为被动并且在性方面更为矛盾的人。这些脚本可能极具限制性，通常完全排除了跨性别和非二元性别者，并强化了这样一个观念，即可接受的性行为范围非常狭窄。

"男人总是想要性"

38 岁的罗恩（Ron）与我分享了他的经历："两年前，我第三次约会后送一位女士回家。我们之间很来电，但我们还没发生性行为。我送她到家门口，吻别晚安，转身要走时，她抓住我的衣袖问'你不想进来吗？'"

"在性方面，我喜欢慢慢来，但我觉得，作为一个男人，我应该在第三次约会时就渴望和她发生身体上的亲密接触。有一种潜在的压力，不是来自她，而是来自我：我真的很喜欢这个女孩，我不想让她觉得我对她没兴趣。我没有告诉她我宁愿等，而是最终同意了，但之后我感觉很不好……我觉得自己太心急了，把自己逼得太紧了。"

罗恩的故事并不罕见。1994 年的一项研究发现，经历过不想要的性爱的直男表达了对他们自己的异性恋的担忧——如果他们抵制这种行为。2019 年，一项针对 87 名初中、高中和大学男生的研究发现，一半以上的男生感到来自父母、家人、朋友、同学和媒体的"持续"和"无处不在"的压力，要求他们有性生活。正如性研究员米歇尔·克莱门茨 - 施赖伯（Michele Clements-Schreiber）所解释的那样："从文化上讲，一个男人在接受性爱时如果缺乏热情，是不被接受的。"对于直男来说，假装对不想要的性爱充满热情可能是维护他们的男子气概和"证明"他们是异性恋的唯一方法。

"性是女人的天职"

许多女性说，与男性伴侣发生性行为是出于一种责任和义务。2009 年的一项研究发现，许多处于长期关系中的女性表示，如果拒绝发生性关系，她们会担心"失去爱、信任或关系"。研究参与者提到了"如果我的伴侣想要发生性行为，那就是我的责任"和"满足自己男人是女人的责任"等观念。

同样，女性也可能为了确保新伴侣的喜爱或避免被贴上假正经的标签而发生不想要的性行为。34 岁的艾拉（Ella）告诉我："在我自愿发生性关系的人中，尤其是在我十几岁到二十出头的时候，大约有一半的人是我不想与其发生性行为的人。并不是有人故意给我压力或强迫我，而是在我年轻的时候，我一直想成为'酷女孩'，而且当时有一个不成文的社会规则，那就是如果你发现自己和一个男人独处一室，尤其是在你们接吻之后，你就应该和他发生性关系。否则，你就是一个玩弄对方感情的女人或假正经的人。"

因为我们想要情感亲密

我们中的一些人之所以同意不想要的性行为，是因为我们希望培养亲密关感、修复破裂的感情或加深与伴侣的情感联系。当真正被渴望时，性可以成为加深亲密感的有力方式，但当我们经常绕过身体的不感兴趣来获得这些情感收益时，它就变得有问题了。

55 岁的凯伦（Karen）解释说："我和我的前夫在离婚和努力维持婚姻之间拖了好几年。我们会大吵一架，小心翼翼地过上几天，然后，按部就班地，他会走近我，给我一个无言的拥抱。几分钟后，我们就发生了性行为。我并不是真的想做爱，但那时我们之间已经很疏远了……我想我觉得只有做爱才能重建我们的关系。在他怀里的那几分钟后，一切感觉又好了起来。"

研究表明，那些在人际关系中感到焦虑的人往往会通过性来获得伴侣的安慰、得到伴侣的认可或避免被拒绝，从而缓解他们的担忧。因此，他们在很大程度上依赖性来满足他们的情感需求，更有可能在承诺的恋爱关系内外都有不想要但同意的性经历。

了解同意不想要的性行为的起源可以帮助我们克服羞耻感并发展自我同情。像所有形式的讨好行为一样，这种模式是可以通过实践和意图打破的。除了第十章中描述的设定界限的方法，以下练习也能帮助我们尊重我们的性界限。

尝试：提前准备语言

如果你很难在当下设定性界限，那么提前练习性界限语言会有所帮助。你可以尝试这样的措辞："这很有趣，但我不想再进一步了""今晚就到这里吧""我对你的感觉更像是友情而非恋情""我不想亲密接触"或"我不想做爱"。

一旦你找到了几个感觉真实的简短有力的语句，就大声练习。

你可以在镜子前练习，与朋友进行角色扮演，或者与你的治疗师一起练习。

一位非二元性别的大学新生奎恩（Quinn）在经历了一阵他并不想要的鬼混之后，感到非常沮丧。在校园里，每个人都在随意勾搭，与其尴尬地交谈，不如顺其自然。

奎恩致力于加强他的性界限，因此他选择了一个简单的短语——"我今晚不想发生性行为"——并在镜子前练习。他甚至找来室友海登（Hayden）进行角色扮演。他笑看海登尽其所能地使用各种老套的搭讪的话语，奎恩则一遍又一遍地回答："我今晚不想发生性行为。"

一周结束时，奎恩已经说过很多次这个短语了，以至于它已经深深印在他的脑海里了。他穿上最喜欢的衣服，前往附近宿舍的一个派对。你瞧，几个小时后，奎恩正在和一个非二元性别的学生杰伊（Jay）聊天。杰伊搂着奎恩问："那么……你想不想来我房间？"

奎恩感到一阵难受；他们聊得很开心，但没有想进一步。尽管奎恩紧张得心跳加速——他都不记得上一次拒绝勾搭是什么时候了——但他还是脱口说："我今晚不想发生性行为。"

杰伊疑惑地看着奎恩，说道："抱歉，我没听清。"

奎恩深吸一口气，静下心来，慢悠悠地说："我今晚不想跟你发生性行为。"

"哦，"杰伊说，"哦，明白了。"

杰伊很快就礼貌地结束了谈话。虽然奎恩对拒绝杰伊还感到有些内疚，但他也感到异常轻松——意识到自己拥有了力量，奎恩几乎要晕眩了。后来，当奎恩回到寝室时，他换上了一套舒适的睡衣，爬上了床，微笑着幸福地待着。

尝试：主动设定界限

如果你仍然担心自己是否有能力在情急之下设定性界限，那么可以尝试在事情还没有发展到白热化的时候，提前通过短信、电话或当面设定性界限。

你可以发送这样的信息："只是让你知道，我今晚不想做爱。""我很难在此刻设定界限，所以我想提前让你知道，在性这方面我想慢慢来。""让我们今晚保持这份友好，如果有进一步，我们可以下次做得更多。"或"今晚没什么心情。我们看场电影，抱抱好吗？"

事先设定界限可以减轻当时寻找理由的压力。如果你以后想更深入地发展亲密关系，你可以随时重新协商你的界限。

尝试：辨别你的动机

如果你一贯使用性作为情感亲密的替代品，那么你可以在发起或同意性活动时练习辨别你的动机。

与其随波逐流，不如养成自我检查的习惯，问问自己：我的身体现在想要这个人吗？我是真的想要性，还是性只是我更想要的东西的替代品，比如喜欢、善意、温柔或爱？我是否感觉脱节、疏远、怨恨、孤独或悲伤？我是否与这个人谈论过这些感觉以及在这些感觉之下未被满足的需求？

如果你发现你对性的冲动掩盖了更深层次的需求——也许是对情感亲密、安慰或爱的需求——可以考虑与伴侣讨论这种需求。

凯瑟琳（Catherine）的丈夫彼得（Peter）已经出差两周了。他经常出差，当他不在时，他通常每隔几个晚上就会给凯瑟琳打电话，每天都会给她发短信。这一次，他却异常沉默，只发了几条短信，却没有打电话。

在彼得回来的前一天，凯瑟琳内心很不安。她思绪万千："他在生我的气吗？他出差的时候是不是认识了别人？他是不是和办公室里的人一起出去了？"

彼得回到家时，凯瑟琳紧张地在门口迎接他。他吻了她一下，然后把手放在她的腰上。"我想你，"他微笑着说，"想把我带去卧室吗？"

她差点同意了，但又停下来问自己："我是现在就想要性，还是性只是我想要更多东西的一种手段？"她检查自己的身体，发现自己胸闷，下巴紧绷。她一点也不觉得自己有欲望，她仍然觉得很不安。她最想要的是知道彼得仍然爱她，她对他仍然重要。她还想知道，为什么他出差的时候，他没给她打电话。

她轻轻地把手放在他的胸口。"我们再等等，"她说。"进来安顿好，我们再谈谈你的旅行。"

在他收拾好行李并洗完澡后，他们聊起了他离开的这段时间。她承认自己缺乏安全感，虽然他一开始有些防备，但还是为没有更密切地联系而道歉。他透露自己因为一个快到期的工作而感到压力很大，并承认自己本可以早点告诉她，这样她就能明白他为什么没给她打电话了。

他们的谈话安抚了她的担忧。那天晚上晚些时候，当他们上床时，她感到身体里闪现出一丝真正的欲望。她在黑暗中伸手去摸彼得。既然她感到联系更紧密了，她可以尽情享受性爱，不是将其作为达到目的的手段，而是作为对现有情感安全感的一种愉悦补充。

努力接受

作为讨好型的人，当我们为他人付出时，我们往往会感到最自在，这可能会让我们在接受性快感时面临挑战。我们可能会感到有压力，要把注意力重新放在伴侣身上；担心伴侣在付出时没有享受到快乐；或者急于更快达到高潮，以免"麻烦"他们。

有时，我们难以获得自己的快感，是因为我们过度关注伴侣对我们的体验，而不是我们自己的身体体验。这种现象被称为"旁观心态"，是指我们在性爱过程中以第三人称的视角关注自己，而不是关注我们自己或伴侣的感觉。我们可能会一心只想把性爱"做对"——被我们看起来、闻起来、尝起来和听起来如何分心——从而无法细细品味我们正在经历的体验。

性教育家和作家艾拉·多瓦尔·霍尔（Ella Dorval Hall）描述道："我变得如此关注伴侣的满意度以及他对我的看法，以至于无法专注于性的快乐。在整个性爱过程中，我都在批评我的技巧，分析伴侣对我的看法，并试图预测他想要什么。这些干扰性的想法非常残酷。我的性爱焦虑让我感觉房间里多了一个人在评判我。但是，这个额外的人是我自己的声音，在我自己的脑海中，告诉我所有我没有满足我的伴侣的方式，以及为什么他会因此不喜欢我。"

当我们分心、感受不到自己的感觉时，我们就更难感受到快感和达到高潮。虽然高潮并不是检测性体验满不满意的唯一标志，但我们可能会担心，如果我们没有达到高潮，会让伴侣失望，这样就创造了一个自我实现的预言：我们越焦虑，就越不可能达到高潮。

高潮需要让大脑中与焦虑有关的区域失去活性；为了达到高

潮，我们需要放松，跟着感觉走。由于缺乏真正放松的能力，我
们可能会假装达到高潮作为讨好我们伴侣的一种手段。一项研究
发现，28%的男性和67%的女性都曾假装达到高潮。他们给出这
样做的四个最常见理由是：性高潮是不可能的；他们希望性爱结
束；他们希望避免伤害伴侣的感情；他们希望讨好伴侣。

就像打破讨好行为模式需要我们关注自己的愿望和需求，同
样，打破性讨好行为模式也需要我们关注自己的快乐和欲望。

尝试：通过交换按摩练习接受

我们可以通过交换按摩和背部揉捏等性暗示较少的抚摸形式，
慢慢提高我们的接受能力。留出一个小时与伴侣交换按摩。当你
接受按摩时，只专注于接受，而你的伴侣只专注于给予。允许自
己不强迫发出任何声音或做任何动作。注意这种体验与典型的性
互动有何不同。

然后转换：只专注于给予，而你的伴侣只专注于接受。知道
你们都有同等的时间给予和接受，有助于消除过度迁就伴侣快乐
的压力。这个练习的目的只是为了单纯享受身体上的愉悦，没有
最终目标。

尝试：减轻高潮的压力

如果你很难达到高潮，可以考虑提前与伴侣讨论一下。这可
以缓解你的做爱焦虑，并期待一个舒服的性体验。

例如，你可以说："我不认为高潮是做爱的目的，我喜欢享受
做爱的过程。""只是让你知道，我需要花很长时间才能在性爱中
感到足够舒服，然后才能高潮。""即使我做爱很开心，我通常也
不会高潮。这只是我的身体不这样反应。"

虽然这些免责声明可能会让你的伴侣更了解你，但归根结底还是为了你自己的利益：它们给了你所需的放松空间，让你没有任何达成目标的压力。具有讽刺意味的是，减轻高潮的压力可能正是你需要的，这样你才会感到足够舒适和放松，从而达到高潮。如果没有，那也没关系——达到高潮不一定是美妙性爱的目的。

保持我们的愿望低调

坦率地表达我们希望被抚摸的方式可能会很难——这不仅是对讨好型的人来说，对大多数人来说也是如此！有时，我们不说出自己的喜好是因为害怕伴侣不喜欢我们的建议。

有时，我们不提自己的愿望是因为不想冒犯伴侣。我们可能希望伴侣更温柔地亲吻我们。虽然这些喜好可能会让人感觉难以沟通，但重要的是要记住，健康的伴侣会想知道他们是否在做我们不喜欢的事情。一次短暂而尴尬的谈话远比持续的不受欢迎的抚摸要好很多。

毫无疑问，说出我们的愿望并给出性反馈可能会让人感到尴尬，尤其是我们大多数人都没有被教导要坦诚交流性。然而，这样做是确保我们的性体验是双方都喜欢的唯一方法。我们的伴侣无法了解我们的身体语言，除非我们教他们，这包括告诉他们我们喜欢什么和不喜欢什么。

尝试：换位思考

如果你对给伴侣反馈感到不安全，不妨花点时间换位思考一下。想象一下，你正在亲吻、取悦或与你的伴侣做爱，而你并不知道他并不享受这种感觉，但他并没有说什么，而是保持沉默，当你毫不知情继续时，他却感觉很不舒服。

对于我们大多数人来说，这种想象中的情境真的是让人难为情。换位思考，我们就会明白，我们更希望我们的伴侣在不喜欢某件事情时告诉我们，即使是暂时会让我们感到尴尬。我们也可以为我们的伴侣做同样的事，勇敢地说出什么是有用的，什么是无用的。

尝试：在床下开始对话

如果在性爱中表达自己的愿望或给予反馈感觉很有挑战性，那就和你的伴侣在一个无性的环境中开始对话。抽出一些时间，在晚餐或早晨喝咖啡时聊聊性。

要开始一场关于性的谈话，你可以说："我有一个很刺激的想法。想听听吗？""你愿意就性爱进行一次交流吗？我有一些想法想和你分享，我很想听听你的想法。"

为了给出性反馈，你可以这样说："我知道我们通常是这样做的，但我想我们可以尝试这样做……""我喜欢你抚摸我的方式，我想到了一件可能让我感觉更好的事情。"

在这些对话中，你甚至可以使用我们在第十章中讨论过的一些彻底透明的脚本，比如："提到这个我觉得有点尴尬，但如果我们的角色互换，我想让你知道……""我知道交换关于性的反馈意见会让人感觉有点尴尬，但如果你愿意的话，我很乐意与你分享我的一条反馈。""告诉你这个我觉得有点难为情，但有件事我一直想在床上尝试。"

安德莉亚（Andrea）和科迪（Cody）已经约会了几个星期。他们聊得很愉快，也很来电，除了一个小问题：安德莉亚真的不喜欢科迪的接吻方式。

上次约会后，安德莉亚承认科迪的吻让她感到恶心，而不是兴奋。现在她在想："我应该要求他改变吻我的方式吗？或者我应该告诉他我们不合适，然后结束这段关系？"

虽然她不想和科迪进行不愉快的谈话——她不想让科迪难堪——但结束这一切的想法听起来更糟糕。安德莉亚觉得她和科迪真的很有可能在一起。她决定，如果他们能找到前进的方向，一次不愉快的谈话是值得的。

第二天晚上，科迪来安德莉亚家看电影。一进门，他就搂住她，俯身亲吻。安德莉亚在心里给自己打气——"你这样做是为了你们俩！"——然后轻轻地从他身边退开。

她笑着说："我觉得有点不好意思，但我能跟你说一件事吗？"

他点点头。"什么事？"

她说："好吧，我只是不喜欢你的接吻方式。对我来说，接吻都是关于嘴唇的，少用舌头更好。我们可以尝试那样做吗？"

科迪过了一会儿才回答："哦——这样啊。"他尴尬地笑了笑，脸变红了。"对不起，嗯……现在我觉得很不好意思。我讨厌想到一直以来你都不喜欢我接吻的方式。"

安德莉亚感到羞愧难当，心想："唉，我让他难堪了——这正是我想避免的！"她觉得自己的脸也变红了。

"你看，我就知道这很尴尬，"她说道，把手放在他的胳膊上，"我喜欢和你在一起，我们两个在一起很开心。我知道每个人接吻的方式都不一样，我想如果我告诉你，我们可能会找到一种对我们双方都适用的方式。"

科迪沉默了一会儿。然后他点点头。"好吧。虽然我的自尊心受伤了，但我支持你，"他回答道，向她眨了眨眼，"我们为什么不去你的卧室，你可以教教我你到底喜欢怎么接吻？"

她笑了，对他的开明心存感激。"好。"她笑着回答，握住了他的手。经过几次尝试，他们最终找到了一种让俩人都感到自然和兴奋的接吻方式。安德莉亚如释重负，她感谢自己冒着风险说出了她的愿望。

沟通是基石

最终，我们打破讨好行为模式的努力在我们生活的每个领域都产生了反响。我们在性爱之外越能自在地发声和表达我们的需求，我们在其中就越能自在地为自己倡导。

找到可以与我们安全、坦诚交流的伴侣，可能是我们在增强性能力的旅程中可以迈出的最重要一步。我们必须关注他人如何回应我们的界限、欲望和反馈。那些胁迫性的、对我们施加性压力的、对我们的反馈无动于衷的或者对我们的快乐几乎没有或根本没兴趣的人，都不值得我们去爱。当我们打破讨好行为模式时，我们学会倾听我们身体的愿望，留意我们身体的暗示，最重要的是尊重我们身体的极限。我们开始明白，性爱不是我们"为别人"做的事情，而是一种源于真正欲望的共同活动。

第二十章　重新发现玩耍

对于那些不断努力、表现和讨好他人的讨好型的人来说，生活变得苦不堪言。我们的脸上总是挂着虚假的微笑，耗尽所有精力照顾他人。正如我们在上一章中看到的，从职场生活到性生活的方方面面，一切都成为义务和怨恨的温床。

但经过一段时间的努力打破这种模式后，我们开始连续享受舒适和轻松的日子。路途中难免会有坎坷，但总的来说，我们的需求得到了满足，我们的愿望得到了表达，我们的界限保证了我们的安全。我们不再处于生存模式中，从这个陌生的平静中，我们意识到我们已经有很多年没有真正允许自己玩耍了。

研究表明，玩耍能直接增加我们的自尊和幸福感。它为我们的生活注入轻松、专注和色彩，为我们的日常义务提供了一种令人振奋的对比。玩耍通常被归入儿童的领域，但对于正在摆脱讨好行为的人来说，它是一种对抗自我放弃和长期关注他人的必不可少的解药。

玩耍源于我们自己独特的欲望。它是一种体现自我优先的体验。对于那些多年来一直认为自己的目的是让每个人都感到舒服的人来说，仅仅为了快乐而做一些事是一种彻底的治疗行为。在本章中，我们将探讨玩耍可以采取的多种形式；研究我们与玩耍失之交臂的原因；学习如何培养一种爱玩的心态；练习重新感受我们的快乐和喜悦。

什么是玩耍

精神病学家、美国国家玩耍研究所的创始人斯图尔特·布朗（Stuart Brown）断言，玩耍不仅仅是做某种具体的活动，更重要的是我们在做这件事时的心态。他说，所有的玩耍都"提供了一种参与感和愉悦感，让玩家摆脱时间和地点的束缚，玩耍的体验比结果更重要"。

对一个人来说，练习钢琴可能是玩耍，但对另一个人来说，在河上划船就是玩耍。还有人可能通过集邮或烹饪新菜来玩耍。这些活动之所以被称为"玩耍"，是因为它们的内在的动机；我们玩耍不是为了将来的某种结果，而是为了这次体验的纯粹乐趣。

当我们走出童年，我们开始将玩耍称为"娱乐"，也许是为了让自己听起来更庄重。奇怪的是，"娱乐"一词源于拉丁语词根 re（再次）和 creare（创造、产生），最早在 14 世纪是指"治愈病人"的意思。从字面上看，"娱乐"就是让人起死回生。即使在我们的现代世界，这一翻译也让人感到非常贴切。我们——不仅仅是那些努力克服讨好行为的人，而是我们所有人——都与快乐、愉悦和玩耍无缘。我们中的许多人每天都在无休止地履行义务。

我们天生就适合玩耍，所有哺乳动物都是。然而，我们中的许多人感觉自己不知道如何玩耍。对有些人来说，这伴随着一种破碎感或尴尬："这对我来说应该是很自然的事，但实际上却不是。"

为什么我们会忘记享受本身

数以百计的社会和文化力量共同阻止我们玩耍。与其把玩耍看成我们失去的一种技能，不如把它看成我们与生俱来的一种品质，只是在我们的现代文化中很难接触到而已。自 1955 年以来，玩耍不仅在成人中一直减少，而且在儿童中也在一直减少。专家们推测了一些原因，其中包括直升机式育儿的兴起、在大自然中的时间减少、学校教育日益受到重视以及屏幕时间的增加。他们一再得出同样的结论：如果你从未被允许做某件事，就很难自在地去做它。

无论是儿童还是成人，盯着屏幕已经成为我们最常见的消遣方式；我们已经从富有创造性和参与性的玩耍转变为被动地消费媒体。虽然消费媒体可能很轻松（甚至这一点还有待商榷），但它不是玩耍，成千上万的研究证明，它实际上会让我们更加焦虑和沮丧。

最关键的是，我们已经与玩耍失去了联系，因为我们的文化高度重视赚钱、获得地位和提高生产力。作为资本主义的副产品，拼搏文化认为我们的价值取决于我们的产出，在这种框架下，玩耍不仅变得不重要，而且还会浪费宝贵的时间。《躺平抵抗宣言》（*Rest Is Resistance*）一书的作者特里西娅·赫西（Tricia Hersey）写道："除了偷走你的想象力和时间，拼搏文化还偷走了快乐、爱好、休闲和尝试的能力。我们陷入了无休止的忙碌与行动的循环之中……我们必须揭示、简化并摆脱对忙碌的沉迷。"

这种对忙碌和生产力的沉迷，让我们几乎没有玩耍的空间。随着年龄的增长，我们的空闲时间被越来越多的待办事项困扰。我们一边看电视，一边回复电子邮件；我们一边等红绿灯，一边

回复短信。

当我们好不容易挤出时间来玩耍和创作时，拼搏文化却鼓励我们将自己的活动货币化。如果你是一个伟大的画家，你就会被催促去卖画；如果你是一个喜剧演员，你就会被鼓励去社交媒体上涨粉。突然间，我们玩耍的目标不再是玩耍的体验，而是相关的回报：金钱、认可和地位。将玩耍转变为忙碌抹杀了玩耍的一个基本原则：过程比结果更重要。

拼搏文化还滋生了完美主义：只有当事情做得完美才值得去做的想法。当我们意识到自己永远不会成为"最棒的"时，我们中的许多人就会不再玩耍，并且将我们不玩耍的时间点追溯到我们没有"完美地"玩的那个时刻。当我们输掉一场比赛时，我们就不玩足球了；当我们搞砸一个笑话时，我们就不玩即兴表演了；当我们在表演后收到批评意见时，我们就不玩歌曲创作了。完美主义和玩耍势不两立。

结合这些力量，它们延续了"玩耍不重要"的错觉。如果我们难以享受玩耍，这并不是个人的失败；事实上，这表明我们完美地遵循了社会规则，追求生产力、成就和成功。要重新发现玩耍，我们必须深入反思这些固有的观念，牢记玩耍是一种必要的、恢复生机的力量。

回忆玩耍：一种反思

花一点时间阅读以下段落。然后，舒适地坐下，闭上眼睛，花几分钟时间反思。

回忆童年玩耍的时光。
也许你在户外的大自然、海边或森林里玩耍。

也许你在家庭活动室和兄弟姐妹或朋友一起玩耍。

也许你参加运动队在阳光下玩耍。

也许你只是在独自玩耍，只有你的想象力陪伴着你。

看着这段记忆在脑海中展开。

回忆周围的环境：视觉、声音和气味。

暂停在年轻时的你的形象上。

在脑海中描绘他的样子：他的脸庞、笑容和笑声。

他完全沉浸在那一刻。

他没有任何担忧。

他全身心投入，充满活力。

当你想象年轻的你时，请注意你的感受。

你是否感到一种渴望？

一种欲望？

也许是悲伤或难过？

花一点时间，简单地承认你内心和身体中的这种情感。

你甚至可以对它说"我在倾听。我在这里"。

然后，当你准备好时，睁开眼睛。

当我在公开演讲中给出这一反思时，听众们发自内心的反应令我惊讶。有些人从沉思中醒来，泪流满面；还有人愉快而茫然地睁开眼睛，喃喃自语："我都忘了那种感觉有多好了。"

28岁的苏西（Suze）与我分享了她的反思："在我的记忆中，我六七岁，在后院的水坑里跳来跳去……那天早些时候下了一场雷雨。我穿着我的大红雨靴，尽可能用力地溅起水花，笑着鼓励我的小妹妹安娜（Anna）跟着我跳……我们一起创造了一个想象的世界，把每一个水坑都当成一个新的目的地，为了得到里面的

你无需讨好所有人

宝藏，我们必须溅起水花……我对天发誓，我们在外面玩了好几个小时……回忆起来我很开心，但也很难过……我都不记得上次沉浸在这么简单的事情中是什么时候了。我觉得那个小女孩现在对我来说已经很陌生了。"

50 岁的马利克（Malik）给出了他的反思："我 10 岁时被邀请加入足球队。每个星期天，我们都在公园集合训练。有一天很特别，我从未忘记。微风拂面，我能闻到的全是刚割过的青草的味道……我当时在踢中场，追着球跑，跑得很卖力，感觉就像要飞起来一样。我感觉……欣喜若狂。充满了活力。整整两个小时的训练，我什么都没想。现在能有五分钟不看电子邮件，我就感觉很幸运了。"

通过这种反思，我们能够以一种超越拼搏文化逻辑的直观方式感受到玩耍的必要性。它没有给我们带来金钱，也没有给我们带来地位或名声，但这种感觉——存在、活力和快乐——是我们多年来极度渴望的东西。

玩耍的多面性

我们中的许多人都担心，自己根本不是那种能够重新变得爱玩耍的人。我们中的一些人比较内向，更喜欢书籍的安静陪伴，而不是派对的过度刺激；我们中的一些人觉得自己不够顽皮才不会玩耍，或者不知道足够的笑话，又或者没有足够的时间。

当我们对玩耍的理解很狭隘时，我们可能会对玩耍的这个想法感到害怕。但玩耍对每个人来说并不相同。在数千次访谈中，斯图尔特·布朗确定了八种主要的玩耍类型。这八种类型让我们对玩耍的多种表现形式有了不同的理解：

274

- **收藏家**喜欢收集物品（如邮票、汽车、硬币、书籍）或体验（比如参加他们最喜欢的乐队的所有音乐会）。
- **竞争者**喜欢有特定规则的结构化游戏，他们玩游戏就是为了赢。
- **创作者 / 艺术家**喜欢制作新事物：写歌、编织、木工、绘画、写作等。
- **导演**喜欢创造、组织和促进体验和活动。
- **探索者**喜欢新奇和发现——不仅是新的地方，还有新的想法、食物、人物观点等。
- **爱开玩笑的人**喜欢愚弄、恶作剧、开玩笑和逗别人笑。
- **运动爱好者**喜欢通过舞蹈、散步、瑜伽或运动等方式来活动身体。
- **故事讲述者**喜欢通过写作、舞蹈、演讲、魔术和其他媒介来发挥想象力和创作故事。

这八种类型为我们提供了一个框架，帮助我们确定对我们来说最自然的玩耍类型是什么。我们可能会惊讶地发现，某些我们不一定认为是玩耍的有趣活动已经出现在我们的日常生活中。

37 岁的斯图尔特一直是那种严肃的人。高中时，他每次考试都名列前茅；大学时，他大多数晚上都在寝室里学习。他对派对、喜剧或喧闹的人群从不感兴趣；他担心自己不够外向，或者"不够有趣"，不会玩耍。

但是，当他审视这八种玩耍类型，读到探索者时，他突然有一种认同感。斯图尔特喜欢随机了解有关人物、地点和事物的真相，任何晦涩难懂的话题都无法打消他的兴趣。小时候，他总是和祖母一起看《危险边缘！》（*Jeopardy!*）；现在，作为一个成年人，他在业余时间浏览维基百科寻找有趣的真相。

他从未想过这是玩耍——他只是享受发现新事物的快感——但现在他意识到自己是一个思想探索者。他在考虑如何有意识地拓宽这种玩耍的范围。

回想起儿时看《危险边缘！》节目时表现的天分，他查看他最喜欢的酒吧是否有知识竞赛之夜。他通常不参加群体社交活动，但他想象大家有一个共同的目的——比如回答智力问答问题——会让社交更轻松。他还在网上搜索当地的纪录片放映活动，认为这可能是在陌生环境中了解新信息的一种有趣方式。

两个月后，斯图尔特定期参加当地啤酒厂周三晚上举行的趣味知识竞赛，他还参加了城里的纪录片放映活动。由于他挤出时间进行探索，他的生活更加充满活力了。

和斯图尔特一样，一旦我们确定了自己的玩耍类型，我们就可以有意识地考虑如何构建一个更健全的玩耍剧目。竞争者可能会寻找娱乐运动团队；爱开玩笑的人可能会寻找一个即兴剧团；创作者可能会寻找一个绘画课程。

屏幕时间呢？

如今，人们不禁要问："刷抖音是玩耍吗？看一部新电影是在玩耍吗？在手机上做数独呢？"屏幕时间可以是一种玩耍形式，这完全取决于我们如何参与其中。要使一种体验成为玩耍，它必须既令人愉悦，又能活跃身心。当我们盯着屏幕被动地吸收信息时（就像我们经常在社交媒体上做的那样），我们不是在玩耍，我们只是在享受休闲时光。

心理学家米哈里·契克森米哈伊（Mihaly Csikszentmihalyi）在

《心流》（*Flow*）一书中写道，虽然适度的休闲时间是必要的，但大多数人并不觉得休闲时间特别令人愉快，而且研究表明，休闲时间并不能提升我们的整体幸福感。他解释说，休闲包括"被动地吸收信息，而不使用任何技能或探索新的行动机会。因此，生活在一系列无聊和焦虑的经历中度过，而个人却几乎无法控制这些经历"。这段描述虽然写于社交媒体出现之前，但与我们许多人在 Instagram 上刷太久或看太多网飞（Netflix）的感受有着惊人的相似。

相反，玩耍是积极主动的（身心上的）、投入的和令人愉快的。它通常会在一定程度上挑战自我，从而产生一种流动状态："在完成一项挑战个人技能的任务时，可以达到的专注和投入状态。"在心流状态下，我们会全神贯注地投入活动，时间似乎消失了。童年时期曾是足球运动员的马利克（Malik）描述了一种心流状态："我感觉……欣喜若狂。充满了活力。在整整两个小时的训练中，我想我没有考虑其他任何事情。"

也许你在从事艺术活动、爬山、弹吉他或进行马拉松训练时，都曾有过片刻的心流体验。这些永恒的专注时刻被契克森米哈伊称为最佳体验，是生活中最令人愉悦的时刻。有趣的是，研究表明，尽管在心流状态下自我意识似乎消失了，但活动结束后我们的自我意识却变得更强。心流状态对我们这些正在打破讨好行为模式的人来说特别有益，因为它能增强我们独立的自我意识。

记住这一点，如果我们的屏幕时间是具有参与性的和积极主动的，那么它就可能是玩耍，比如当我们使用我们的电子设备玩具有挑战性的游戏、进行创作（写故事、作曲、设计图形、编辑视频等）或研究新想法时。如果屏幕时间已经占据了我们大部分的休闲时间——对我们大多数人来说，的确如此——那么我们将

从优先考虑那些不使用电子设备、可以进入世界的玩耍形式中获益：可以考虑我们的身体、周围的环境、朋友和社群等这些形式。

如何培养玩耍心态

由于玩耍与拼搏文化背道而驰，重新与玩耍建立联系需要我们培养一种新的思维模式：玩耍心态。拼搏文化的思维模式围绕着完美主义、成就和生产力，而玩耍思维模式则优先考虑存在、轻松、自发性、新奇性和社区意识。

为了说明如何培养玩耍心态，我们将以 59 岁的玛丽亚（Mariah）为例。两年多来，她一直在努力打破讨好行为模式。她已经变得擅长优先考虑自己的需求和设定界限，但她仍然很难为快乐和玩耍挤出时间。

玛丽亚属于创作者玩耍类型。小时候，她喜欢素描、雕刻和水彩画；她童年的卧室里堆满了艺术品。但随着年龄的增长，她变得没时间去创作。她的父母容忍她的艺术创作，但当她在学业上取得重大成就时，父母会大加赞赏，因此她把所有的注意力集中在通过考试、上个好大学和找个好工作上。

毕业后，玛丽亚成为一名会计师，自从三十年前她创办了自己的公司后，工作就完全占据了她的时间。她赚了很多钱；她有这个经济实力将工作时间减半，舒适地度过余生。但即便如此，她还是很少休假，大部分时间不吃午饭，经常在晚上和周末工作。

经过三十年这种忙碌的生活之后，她感到疲惫不堪，内心空虚。过分优先考虑工作并不能给她带来所需的休息、平衡或享受。她的年龄越来越大，她不希望自己未来的数十年充斥的都是会计工作，但仅仅为了快乐而创作的想法又让她全然觉得陌生。

过程比结果更重要

即使是暂时的，我们也很难释放对成就和成功的渴望。如果我们难以释放对成功的渴望，我们可以练习在玩耍中重新定义成功的含义。在玩耍中，成功不是画一幅完美的风景画、赢得喜剧比赛或写出一首完美的歌曲，而是绘画、讲笑话和写歌这些行动。在玩耍中，成功在于行动本身。

玛丽亚是一个目标明确的人，这也是她如此成功的原因。她喜欢在待办事项清单上划掉一个项目带来的满足感。一想到要完全无组织地玩耍，她就感到紧张，因此她决定每周安排两个 30 分钟的时间段来进行创造性的活动。她希望以后能增加这个时长，但她想从小事做起。

当她第一个玩耍时间到来时，她拿着素描本坐在厨房里。她的脚在地面上无规律地敲击；她咬着铅笔头。她几乎要笑出声来，为自己的艺术创作挤出时间是多么尴尬的一件事。她决定画厨房柜台，当她的手在纸上移动时，她与自我批评做斗争："看看你有多生疏！你还记得怎么画吗？"

尽管自我怀疑，但玛丽亚还是坚持了下来；她不是那种会退缩的人。30 分钟结束后，她有了一个粗略的台面效果图。她心里有一个声音在嘀咕："画得并不好。"但她提醒自己，"好"并不是她的目标，她的目标只是挤出时间来进行艺术创作。她合上素描本，有了一种为完成自己的目标的成就感。

拥抱尴尬

在我们重建与玩耍的关系时，紧张、不安和自我怀疑是完全正常的。像玛丽亚一样，我们可以在不让它们成为障碍的情况下承认这些内心的声音。我们可以拥抱尴尬，提醒自己我们正在做一件不熟悉的事情——一件在我们的文化中很少被效仿的事情。我们不妨问问自己："我是否愿意忍受一点点尴尬来大大增加我生活中的快乐？"

创造时间留白

时间留白是指没有外界输入的时间：我们不看手机、不看电视、不阅读、不听播客、不与他人交谈的时间。如今，时间留白很稀有。在杂货店排队、在公交车站等车的时刻，都成了消费的机会：一条短信、一个表情包、一个播客。但时间留白是玩耍的必要条件。我们的大脑不再对信息做出反应，而是有机会去漫游、探索、自我表达、变得好奇和创造。当我们不再不断地对外界输入的信息做出反应时，我们可能会对自己的非同寻常和奇思妙想感到惊讶。

我们可以通过留出时间——哪怕只有十分钟——来创造时间留白。我们可以不带手机去散步、静静地坐在沙发上做白日梦，或者躺在草地上仰望星空。

起初，玛丽亚并不喜欢时间留白的想法。在过去的三十年里，她一直盯着屏幕。在极少数不工作的夜晚，她会把电视调成静音，同时在后台播放她最喜欢的播客。事实上，她已经不记得自己上一次选择什么都不做是什么时候了。

在最初的 15 分钟里，玛丽亚的思绪从一项工作任务跳到另一项工作任务；她伸手去拿手机，想回复一封电子邮件，却懊恼地发现手机不在那里。她凝视着湖面，希望能从沉思中找到一些分心的东西，碧蓝的湖水和万里无云的蔚蓝天空交相辉映，她被震撼了。如果不是远处地平线上的一排树木，天空和湖水看起来就像是一片无尽的蓝色。她想象着用水彩画下这一场景，并给它起了一个巧妙的标题，如《天空之上》或《如此之下》。

从周围的事物中获得灵感是一件令人愉快的事情，她已经很久没有被某个特定的场景触动而动笔了。玛丽亚决定要更经常地去寻找灵感，把手机丢在一边，走进她周围的世界。

铭记自己的死亡

当我们的心思都集中在日常事务、明天的杂务或工作截止日期上时，玩耍就会显得无关紧要。在有更重要的事情要做的时候，我们为什么还要挤出时间去做散步或放空思绪这样琐碎的事情呢？

但是，当我们想到有一天我们会在临终时怀念在这个世界上度过的时光时，玩耍的重要性就会突然变得清晰起来。就像玛丽亚一样，我们不希望在回想自己的一生时，痛苦地发现这一生就是不停地收发电子邮件、赶最后期限和盯着我们的手机。我们希望能够回忆起充满美丽、创造力、活力和欢笑的生活。当我们感到无心玩耍时，这种思维方式的转变可以帮助我们重新聚焦真正重要的事情。

在玛丽亚开始抽出时间玩耍和创作四个月后，她的生活看起来——感觉上——和以前大不相同了。每当夜幕降临，玛丽亚不再在办公室里埋头处理各种电子表格。相反，她坐在厨房渐暗的光线中，随着时间的流逝勾勒和绘画。她的冰箱上贴着一份为期两周的艺术家静修手册，她每天早上煮咖啡时都会看到它。她觉得自己还没有准备好迈出这一步，但她知道，总有一天，她会的。

玛丽亚的绘画技巧比不过四十年前了，但她并不在意，她坚持下来是因为这能给她的生活带来快乐和存在。与她的素描本在

一起的时光占据了她的休息时间，给了她与自己和想象力沟通的机会。有时，她会为没有早点玩耍而感到遗憾，但当她拿起铅笔在素描本上涂抹的那一刻，她的焦虑、遗憾和忧虑都消失在创作的无声无息中。

重新发现玩耍的练习

一旦我们确定了自己的玩耍类型并开始培养玩耍心态，我们就可以通过以下练习重新与玩耍建立联系：

从"仅仅 10 分钟"开始

起初，挤出时间玩耍可能很有挑战性。然而，重要的是要记住，我们不必彻底改变我们的生活，也不必打乱我们的日常日程安排来为玩耍留出空间。只需定期简单地参加 10 分钟的玩耍活动，对我们来说，就能让玩耍变得更加舒适和自然。

当你开始重新发现玩耍时，通过承诺短暂而有趣的活动来为自己的成功做好准备。一些例子（取决于你的玩耍类型）可能包括在客厅里跳舞 10 分钟、和朋友玩接球游戏、研究一些有趣的东西、给朋友讲笑话、练习声音模仿、做填字游戏、捏黏土、弹吉他、投篮或者出去散散步。

哈维尔（Javier）是个单亲爸爸。他是一名顾问，两个女儿上学时，他就在他的家庭办公室开会。女儿们回到家后，哈维尔的夜晚就在忙碌中度过：他做晚饭，辅导女儿们做作业，睡前给她们读书，如果幸运的话，他还能在入睡前看几页自己的书。

他的生活非常忙碌。他的日程安排使他无法报名参加课程或加入团队。然而，他迫切希望在生活中有更多的玩耍时间，他厌倦了每天都有做不完的事情。

一天，孩子们都去上学了，他在整理游戏室时发现沙发下有一副纸牌。他回忆起和一位大学朋友在一起的时光，这位朋友可以玩各种纸牌魔术。哈维尔不禁萌生了一个有趣的想法："如果我也学几招魔术怎么样？这应该不会太难，我知道孩子们会喜欢的。"

他看了看表，离下次会议还有 10 分钟。他拿起卡片，擦去灰尘，坐在办公椅上，打开油管（YouTube）。10 分钟后，他学会了一个简单魔术的基本要领。他还需要继续努力，但能把精力集中在轻松有趣的事情上，他感觉很新奇。

经过两周的短暂玩耍时间后，他向女儿们展示了他学到的魔术。女儿们喊道："再来一次！再来一次！"他哈哈大笑，为她们的喜悦而激动。这些魔术之夜成了他随意的例行公事：每个周末，他都会向女儿们展示一周来学到的新魔术。

这对哈维尔的日程安排来说只是一个小小的改变，但却让他从日常生活的压力中获得了急需的休息机会。每天几分钟，他可以再次感觉像个孩子，这种轻松的时刻足以让他撑到明天。

对自发性和新颖性说"是"

在现代生活中，我们中的许多人只想通过熟悉的且舒适的方式减压。如果我们想每晚都看网飞或浏览社交媒体，我们很容易就能做到。但是，当我们试图与玩耍重新建立联系时，重要的是让自己走出舒适区，对不熟悉的事物说"是"。进行新的、自发的活动本身就是一种玩耍——当我们对未知说"是"时，我们可能会对引起我们兴趣的活动感到惊讶。

对自发性说"是"，可以是看到城镇的一个活动传单时参加活

动，可以是去看看当地的新乐队，可以是心血来潮地去探索城镇中不熟悉的地方，可以是在咖啡店与陌生人搭讪，也可以是在朋友邀请你去远足或去海滩玩一天时说"是"。

报名参加团体玩耍

在长久抑制我们玩耍的天性之后，独自去获得它们可能会感觉很难。与一群人一起玩耍能给我们带来灵感、社群意识和形成日常惯例。即使你对一项活动完全陌生，也有很多团体供初学者聚集在一起学习。你可以通过加入娱乐运动队、读书俱乐部、编织圈、徒步旅行团体、作家群、烹饪班、即兴表演剧团或收藏家协会来尝试。

与爱玩的人共度时光

当我们陷于压力和过度劳累的流沙中时，与爱玩的人共度时光可以让我们摆脱困境。也许我们有一位朋友或亲戚，他总是喜欢新的冒险。婴儿和儿童是玩耍的守护者；如果我们自己没有孩子，也许我们有一个侄女或侄子，我们可以花时间和他们在一起；或者我们可以在与孩子有关的当地机构做志愿者。与动物相处也能帮助我们获得一种存在于当下和发现自我的状态。

吉纳维芙（Genevieve）真的很难去玩耍。今年对她来说很艰难：她在工作上得到了晋升，责任的增加让她比以往任何时候都更加紧张和焦虑。她希望自己能够玩耍，但焦虑让她很难做到。在选择出去尝试一项新活动还是待在家里看电视时，她觉得还是待在家里更舒服。

在度过艰难的一周后的周六，吉纳维芙穿着运动裤蜷缩在沙发上。她收到她最好的朋友珍妮尔（Janelle）的短信："你在吗？

想你啦！我们聚聚吧！"

两人在大学相识，吉纳维芙立刻被珍妮尔轻松的笑声和活泼的个性吸引。珍妮尔总是那个协调计划、购买音乐会门票、安排野餐和制订周末旅行计划的朋友。吉纳维芙喜欢珍妮尔，但她还是想待在家里。"我不知道，"她回复说，"我这一周压力很大，感觉很沮丧。我不想扫兴。"

珍妮尔立即回复："不管你是否沮丧，我 30 分钟后就到！等我搞定你，你会感觉好些的。"

吉纳维芙忍不住笑了；她总是可以依靠珍妮尔让她振奋精神。30 分钟后，珍妮尔开着她那辆破旧的吉普车来了，开着的窗户里传出震耳欲聋的舞曲音乐。吉纳维芙坐上副驾驶位，立刻就被珍妮尔轻松的笑声和冷幽默安抚。她们下午在城里闲逛，停下来吃冰激凌，逛旧货店，开车到一个风景优美的地方看日落。

珍妮尔把她送回家时，吉纳维芙意识到自己已经有好几个小时没有考虑工作的事情了。她感觉到一种轻松，而这种轻松在最近几周几乎被她遗忘了。她向自己保证，即使压力再大，她也会把与珍妮尔这样的朋友共度时光放在首位，因为那是她比以往任何时候都更需要玩耍的时刻。

第二十一章
允许模糊性并练习辨别力

打破讨好行为模式，让我们可以尽情玩耍、创造，并全心全意地实现自己的愿望。我们开始与自己建立前所未有的深厚关系，从这种自我联系中，我们可以培养做出艰难决定所需的自我信任和辨别力。

既然我们已经练习了把自己放在首位的技能，那么我们就有能力在决策时考虑更多的细微差别。我们知道了在建立了牢固的界限之后，就可以决定是否要偶尔放宽它们。我们知道了在优先考虑了自己的需求之后，就可以决定是否要偶尔优先考虑所爱之人的需求。

当我们打破这种模式时，我们将面对复杂的情况，这些情况会让我们的同理心与我们新发现的自我倡导承诺相冲突。当我们已经承诺过多时，需要帮助的人还将会请求我们帮助。我们所爱的人会要求我们做一些把我们推向极限的事情。价值观、需求和愿望的不匹配可能需要我们妥协以维持我们的关系。在这种情况下，我们需要练习辨别力：收集多种信息，做出符合我们价值观的有意识的决定。

以前，我们理所当然地把别人放在第一位；我们说"是"，因为我们不能说"不"。现在,我们学会了满足自己的需求,用界限来保护自己,在不适的时候安抚自己,我们为自己撑腰,有了这份自信,我们就能展现出更大的灵活性。

在本章中,我们将探讨当我们的同理心和自我倡导发生冲突时,如何做出艰难的决定;如何摒弃极端的思维方式,采取细致入微的态度;如何将我们的错误正常化,并接受一路走来的经验教训。

贾斯敏(Jasmine)的故事

贾斯敏与莱斯利(Leslie)已结婚两年了,莱斯利酗酒成瘾。在婚姻存续期间,莱斯利的酗酒行为一直是他们关系紧张的根源。他整夜不归,对贾斯敏很不屑。最终,贾斯敏受够了莱斯利的苛待。六个月前,他们最终离婚。

可以理解的是,贾斯敏对莱斯利感到愤怒和怨恨,她认为最快的治愈方法就是避免与他有任何交流。她在社交媒体上屏蔽了莱斯利,并从手机上删除了他的号码。在两个人离婚后的六个月里,她竭尽全力重建自己的生活。

一天晚上十一点,贾斯敏听到门铃响了。她拖着脚步走到门前,透过猫眼一看,莱斯利站在门外:神志不清、心烦意乱,显然是喝醉了。贾斯敏打开门,只闻到一股酒气。

莱斯利目光呆滞,口齿不清地乞求在这里过夜。他说他无处可去,也没有人可以求助。尽管莱斯利醉醺醺的,贾斯敏还是相信他;她知道莱斯利的酒瘾让他早就疏远了他所有的朋友和家人。

此时此刻,贾斯敏内心充满了矛盾。一方面,莱斯利给她带来了难以置信的痛苦,他从不尊重贾斯敏的界限,并且对她无礼。

离婚后，贾斯敏向自己保证再也不会与莱斯利来往。莱斯利让贾斯敏经历了这么多，他竟然还敢上门求助，这让贾斯敏大吃一惊。

另一方面，莱斯利显然很痛苦，贾斯敏担心如果不让他进屋，莱斯利可能会露宿街头，有被伤害的危险。虽然莱斯利给她带来了很多痛苦，但贾斯敏并不希望他受到任何伤害。

这是贾斯敏坚守界限的时刻，还是她妥协的时刻？

如何做出艰难的决定

在像贾斯敏这样棘手的情况下，我们需要练习辨别力：权衡眼前的信息，做出一个符合我们的价值观的有意识的决定。我们要摒弃那种认为有一套完美的规则可以遵循就能"做对"的想法，摒弃极端的思维方式，支持灰色地带。我们的任务是确定如何以保持自尊的方式行事，同时又不失去使我们成为自己的同情心。

以下指导方针可以帮助我们做出周到和细致的决定。

暂停

在最困难的时刻，我们可能会冲动行事：尽一切可能立即解决具有挑战性的情况，以及其中令人不快的情绪。然而，冲动行为不会给我们时间去思考我们的价值观和评估前进的多条道路——这两种做法都是辨别力所需的。

我们可以通过暂停、深呼吸和身体放松来培养更平静的心理状态。有时，就像贾斯敏的情况一样，在我们必须做出决定之前，我们只有片刻的时间。有时，我们有足够的时间推迟做出决定，好好睡一晚且第二天再做决定会对我们有益。

贾斯敏的时间有限，所以她邀请莱斯利坐在她的门廊上，而她要花几分钟时间考虑下一步该怎么做。

从长计议

复杂的决定需要我们放眼全局，通盘考虑。每条前进的道路不仅对我们当前，而且对我们未来可能产生什么影响？哪条路更有助于我们实现整体上想要过的生活？

有时，在通往长期自由的道路上，对我们最好的道路也将会包括一段短期的不适。当我们只考虑短期的满足感时，这条路可能根本不会出现在我们的脑海中；我们可能会做出让当下感觉很棒的选择，但最终却会感到空虚、脱节或认为我们的行动与自己的价值观不一致。要从长远考虑问题，不妨唤起五年后的自己，问问他们："回首往事，你会为我做出的哪种选择感到最自豪？"

放弃"正确答案"的想法

在做出艰难的决定时，我们通常会觉得只要努力寻找，就会找到一个客观正确的答案："正确的答案"将引领我们走向简单的幸福和轻松。

但在大多数情况下——尤其是涉及人际关系的情况下——并不存在完美的解决方案。只是前进的道路有多种，其中一些比另一些更符合我们的价值观。通常情况下，所有的道路都会涉及一定程度的利益、一定程度的牺牲和一定程度的不适。通过放弃正确答案的想法，我们允许自己评估此时此刻哪条道路最适合我们。

记住，你的道路是独一无二的

当我们练习辨别力时，我们要记住，没有放之四海而皆准的解决方案。我们每个人都有不同的历史、文化、需求、愿望、价值观、梦想和恐惧。这些因素中的每一个都会影响我们的决定，对我们最合适的道路并不一定对其他人来说最合适。收集外界反馈可能会有所帮助，但他人的建议只应是我们最终决定中的一小部分。

贾斯敏知道，对于如何处理莱斯利的突然出现，她的朋友和家人持有强烈的意见。她的父母对莱斯利对待他们女儿的方式非常生气，会建议贾斯敏立即报警。她同样确信，教会的朋友们会鼓励她给莱斯利提供一张温暖的床，让他睡一晚，明天再送他走。

贾斯敏明白，两组人都不能说是对或是错，他们只是有不同的经历、价值观和优先事项。最终，贾斯敏需要自己做出决定。

考虑到莱斯利的状况，贾斯敏很想让他进来，但她担心这样做会让她为打破讨好行为模式所做的努力付诸东流。贾斯敏想："我向自己保证过再也不和莱斯利来往。如果我让他在这里过夜，我会牺牲我的自尊吗？我打破讨好行为模式的所有努力会不会白费？"

打破黑白二元对立

当我们进行非黑即白的思考时，我们会以极端的方式看待世界。我们要么好要么坏；我们的决定要么完全正确，要么完全错误。因此，极端的思考与辨别力相对。它让我们无法看清世界的本来面目：纷繁复杂、不可捉摸、变化多端。

当我们打破讨好行为模式时，我们可能会发现自己陷入了极端的想法，比如"我再也不会把别人的需求凌驾于自己的需求之上了""我再也不必向任何人解释我的界限了""如果关系不完美，我就会断绝关系""如果有人在我设定界限时不高兴，他/她就不适合我"或者"如果他们不能满足我的每一个需求，他们就不适合我"。

起初，这些态度可能会吸引我们，因为它们明确地把我们放在第一位。我们也可能会因为想到一个适用于我们所面临的每一种情况的简单规则而感到宽慰。然而，练习辨别力要求我们超越黑白二元对立，并且考虑到真相可能更加微妙。

行动中的细微差别

这些非黑即白的观点的细微差别包括：

非黑即白：我再也不会把别人的需求凌驾于自己的需求之上了。

- 细微差别：当我打破讨好行为模式时，重要的是，在多年优先考虑他人的需求之后，我练习把自己的需求放在第一位。
- 细微差别：当我们的需求不匹配时，偶尔有必要将他人的需求放在第一位，从而寻求妥协并维持关系。
- 细微差别：有时，恪守我的价值观意味着偶尔要把他人放在第一位，尤其是在他们急需我帮助的时候。

非黑即白：我再也不必向任何人解释我的界限了。

- 细微差别：我可以通过拒绝向那些误解我的人解释我的界限来保护自己。
- 细微差别：有时，一个解释就能让别人更容易接受我的界限。

非黑即白：如果关系不完美，我就会断绝关系。

- 细微差别：我可以优先考虑提供尽可能多的共识、和平和协调的关系。
- 细微差别：我承认没有一种关系是完美的。即使是最健康的关系也会有不匹配、冲突和妥协。

非黑即白：如果有人在我设定界限时不高兴，那他 / 她就不适合我。

- **细微差别**：如果他人以愤怒、误导和愧疚来回应我的界限，我将置身事外。这些都是不可接受的反应，我没有必要容忍它们。

- **细微差别**：当我在我们的关系中插入空间或距离时，人们自然会感到难过。别人可以对我的界限有负面情绪，但他们仍然会用行动来尊重我的界限。

非黑即白：如果他们不能满足我的每一个需求，他们就不适合我。

- **细微差别**：多年来，我一直满足于与那些以评判和蔑视的态度对待我的需求的人交往，现在我只对与那些想满足我的需求的人交往感兴趣。

- **细微差别**：即使有人想要满足我的需求，他们也不可能一直满足我的每一个需求。应该由我来决定哪些需求是不可妥协的，哪些是可以妥协的。

当贾斯敏反思自己的情况时，她意识到自己坚持了一种极端的观点：帮助莱斯利就意味着她不再讨好他人的所有努力都白费了。当贾斯敏挑战自己，为自己的观点注入更多细微差别时，她得出了一些结论：

没有任何一项行动会消除我两年来为不再讨好他人所做的努力。聆听我的价值观可能意味着偶尔把他人放在首位，尤其是在他们真的需要我帮助的时候……另外，不帮助莱斯利，是因为我觉得我不能说"不"；帮助莱斯利，是因为我相信我自己可以说"是"或"不"。所以这次我选择说"是"，这两者是有区别的。前者是讨好他人，后者是善良。

练习辨别力

当我们努力应对复杂的情况时，我们可能会想：我如何知道何时该选择哪条路？我如何知道何时优先考虑他人是对自己的背叛，何时只是一种关心？我又如何知道是该经历一段动荡时期的关系的考验，还是该放手？

以下方法可以帮助我们找到这些难题的答案。

思考多种选择

当我们花时间进行创造性思考时，我们通常可以在任何情况下找到两条以上的前进道路。有显而易见的决定——A 和 B——然后是各种包含某种妥协因素的中间方案。

从极端的角度来看，贾斯敏有两个选择。她可以张开双臂欢迎莱斯利，给他一个过夜的地方；也可以拒绝莱斯利的请求，不让他进来。

当贾斯敏停下来考虑多种选择时，她意识到前进的道路不止两条。她可以让莱斯利进来，让他睡在沙发上，但不能睡在客房里；为莱斯利提供食物和水，但要求他在其他地方过夜；致电非紧急市政服务，并请求他们协助处理这种情况；致电当地的紧急服务机构或庇护所，让莱斯利在那里过夜；或者致电一些康复中心，看看他们是否有床位给莱斯利。

利用对比两种价值观的轮盘图

正如我们在第四章中探讨的，当面临艰难的决定时，我们可以对比两个价值观轮盘图，以分辨出哪条道路更符合我们的价值观。在这个练习中，你需要准备好你的前八个价值观。

1. 画一个圆，然后像切比萨一样分成八片。在每片边缘写下你的价值观。这代表决定 A。

2. 在它旁边画一个相同的圆，并在边缘写上同样的价值观。这代表决定 B。

3. 从决定 A 开始。对于轮盘上的每一个价值观，问问自己："从 1 到 10（10 为最多，1 为最少），决定 A 在多大程度上体现了这一价值观？"

4. 根据你的回答，从内向外给切片涂色。10 分表示切片完全被涂黑；5 分表示切片被涂一半；1 分表示几乎不涂。

5. 对决定 A 中的每个部分都进行上述处理。如果你看不出某个价值观是如何应用到当前决定中的，就给它涂上线条。最后，你就可以直观地了解决定 A 在多大程度上体现了你的价值观。

6. 然后对决定 B 进行同样的处理。完成后，你可以比较这两个轮盘图，看看哪个决定更能全面地体现你的价值观。

贾斯敏完成的价值观轮盘图如下所示：

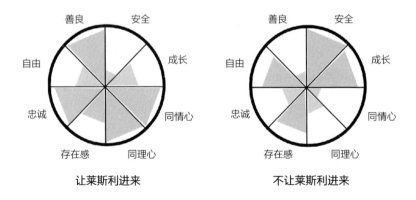

让莱斯利进来　　　　　　　不让莱斯利进来

时间跳跃

我们自然会被诱惑去选择那些能够最快缓解我们不适的行动方案。然而，选择与我们正直品质最相符的道路需要我们对情况进行长期评估。

对于你正在考虑的每个选项，问问自己："如果我这样选择了，一小时后我的生活会变成什么样？一周后呢？一年后呢？五年后呢？"

首先，贾斯敏考虑坚守她的界限，不让莱斯利进来。她想："一个小时后，我就会睡不着觉，担心莱斯利的安危，担心他受伤。一周后，我会想知道他发生了什么事，查看当地报纸和脸书（Facebook）群，看看是否有任何公告。一年后，我想我可能会后悔……我的骄傲妨碍了我帮助一个真正需要帮助、无处可去的人。"

然后，贾斯敏考虑让莱斯利进来："一个小时后，我就会感到沮丧和怨恨，因为这个对我如此不好的人竟然待在我家里。我会怀疑自己是否背叛了自己，放松了不再与莱斯利来往的界限。一周后，莱斯利就不在这里了。我可能还会对他来这里感到怨恨，但我不会再想他发生了什么。一年后，这一切都将成为遥远的记忆。"

填写利弊象限表

在这个由来已久的利弊清单的新看法中，我们通过评估短期利弊和长期利弊来对比我们的选择。然后，我们将两个象限并排审视，以便更好地了解两条道路的整体情况。

贾斯敏完成的利弊象限图如下所示：

决定 A：我让莱斯利进来	
短期优势 ● 莱斯利很安全 ● 我不会反复去想莱斯利，担心他是否受伤	**长期优势** ● 我不会想："那天晚上莱斯利到底发生了什么？" ● 我将感到自豪的是，我没有让我的骄傲妨碍我帮助急需帮助的人
短期弊端 ● 今晚我会睡不好 ● 和莱斯利在一起可能会让我感到不安和不适	**长期弊端** ● 今晚帮他违背了我不再与他交往的界限 ● 如果我今晚帮了他，莱斯利可能会认为我愿意再次帮他

决定 B：我不让莱斯利进来	
短期优势 ● 我不用和莱斯利打交道	**长期优势** ● 我会觉得我坚持了自己的立场，尊重了自己的界限
短期弊端 ● 莱斯利可能生病或受伤 ● 我可能会对自己的决定感到后悔或羞愧，尤其莱斯利最后受伤的话	**长期弊端** ● 我会因为没有帮助需要帮助的人而感到内疚 ● 我可能会后悔

一旦贾斯敏仔细考虑了自己的选择，她决定在两者之间取得平衡。她很乐意帮助莱斯利这一次；这样做符合她的价值观，即同情心、同理心和善良。贾斯敏不想让莱斯利住在客房——那感觉太亲密了——但她邀请莱斯利进屋睡在沙发上。

当晚，贾斯敏睡得很不安稳。第二天清晨，她早早醒来，穿上睡袍，到客厅去叫醒莱斯利。他神志不清，还有点醉。

贾斯敏懒得跟他客套。"你昨晚来这里要求找个地方住，我就让你睡在沙发上了，"她坚定地说，"这是最后一次我愿意这么做。如果你再来，我不会让你进屋。而且，我将不得不打电话给相关部门。"

贾斯敏这么说既是为了自己，也是为了莱斯利。她想让大家清楚地知道：她愿意帮一次，但不会再帮第二次了。

"我需要你现在就离开。"贾斯敏说。她故意走到前门，满怀期待地打开门。莱斯利点点头，咕哝着一些听不懂的话；他慢慢地拖着脚步走出门外，步入晨光之中。

贾斯敏关上身后的门，呼出一口气，她没有意识到自己一直在憋着。她走到厨房，看看她对自己的决定感觉如何。毫无疑问，莱斯利在家里让她很不舒服，贾斯敏觉得自己心烦意乱。另外，贾斯敏知道如果她没有让莱斯利留下来，她也不会睡得好。她会彻夜难眠，担心莱斯利半夜跑到街上去。

最终，贾斯敏为自己取得的平衡感到自豪：她尽力帮助了需要帮助的人，但她明确表示这是一次性的善举。对贾斯敏来说，这是她根据自己的价值观有意做出的深思熟虑的选择，这与她过去强迫性地讨好他人的做法完全不同。

吸取经验教训

如果我们努力辨别，但最终还是选择了一条后来感觉与我们的身份和愿望不符的道路，那该怎么办？也许我们决定在某些事情上做出妥协，但后来我们意识到这是一个不可妥协的需求。也许我们因为价值观的不同而结束了一段友情，但事后却后悔莫及。也许我们设定的界限过于苛刻，事后却为自己的不妥协感到内疚。

当我们打破讨好行为模式时，我们都会做出事后让自己后悔的决定。这不仅是正常的，也是不可避免的，接受错误的必然性可以减轻我们每次都要做正确的事的压力。事实上，只有在犯错和改正错误的过程中，我们才能学到一些重要的经验教训。

当我们决策失误时，以下思考题可以帮助我们找到宝贵的经验教训：

- 这个错误是如何教会我什么对我来说是最重要的？我怎样才能在今后的生活中运用这些新知识？
- 有没有可能犯这个错误是了解这些宝贵信息的唯一途径？
- 这次经历对我的价值观有什么启发？它是否揭示了一种我以前从未认识到的深层价值观？它是否向我展示了我的某个价值观比我以前意识到的更重要？我如何在未来将这一知识体现在我的生活中？
- 以我现在所知道的，将来我该如何处理类似的情况？
- 这次经历对我的决策过程有何启发？今后我应该如何改进我的决策过程？
- 我如何利用从这次经历中吸取的经验教训来帮助其他人？

最终，当我们面对这些复杂情况时，我们没有错误的选择。在这个模糊的空间里，我们通过尝试来了解我们是谁，以及我们重视什么。每一个后来被认为是错误的决定，都会让我们对不适合自己的东西有一个新的认识，并将这些认知融入我们未来的行为中。在我们绘制自己独特的生活蓝图时，我们的经验成为我们最好的老师。

在多年讨好他人之后——在多年感觉我们不得不说"是"之后——我们终于拥有了选择的能力。真正的自由并不总是说"不"。它是一种选择的能力：根据我们重视的东西、我们的感受以及我们最想成为的人，选择说"是"或"不"。

结　语
重新发现给予的（真正）快乐

打破讨好行为模式的一个鲜为人知的秘密是，它能让我们重新体验给予的快乐。很奇怪，不是吗？你可能会认为舍弃讨好行为模式就意味着更少给予：不那么慷慨、不那么善良、不那么富有同情心。

但事实上，打破讨好行为模式是通往一个丰富、崭新的给予领域的大门：一种真诚、真实、有界限的给予。现在，我们的善举是自愿的，而不是强制性的。我们是出于善意，而不是内疚。我们相信自己可以说"不"，所以当我们说"是"的时候，我们真的是这个意思——我们的给予不再掩盖怨恨和义务，而是成为对他人的关心和同情的真诚表达。

这样，打破讨好行为模式就能让我们真正体验到给予的快乐：给予他人的快乐和给予自己的快乐。

给予他人的快乐

在我讨好他人的时候，给予他人很少会给我带来快乐。每天，我都超越自己的极限去"给予"，即使这让我感到极度疲惫和不堪重负。

对我来说，"给予"是自我放弃的代名词。无论我是否有时间、空间或精力——更不用说愿望了——每一个新的承诺都是对我不得不为他人做的越来越多的一堆事情的又一次叠加。一次又一次，我的付出让我对那些我试图帮助的人产生了怨恨。我试图从一只空杯里倒出东西，付出了高昂的身体和心理代价。

但现在，我的杯子基本上是满的。我经常照顾自己的感受、需求和愿望。我对威胁我幸福的承诺说"不"。我只投资于对我有回报的关系。我已经建立了一个坚实的自我关怀的基础，因此，我有时间、精力和心情来参与有界限的给予：以一种可持续的方式给予他人，而不会在这一过程中牺牲我的需求。

这种与给予之间的新关系已成为我与我所爱的人之间意想不到的快乐和联系的源泉。当我的朋友问我能否在第二天早上四点送她去机场时，我会考虑："我的日程安排还有时间吗？如果我需要的话，我明天还能小睡一会儿吗？"如果答案是否定的，我就说"不"：避免过度给予（和怨恨）。但如果答案是肯定的，我就会说"好"——第二天早上四点，我发现自己正在前往西雅图塔科马国际机场（SeaTac）的路上，很高兴能帮助一位急需帮助的朋友。当我们手持咖啡，行驶在寂静的高速公路上时，我感受到了为我所爱的人做好事的满足感。

当所爱的人在焦虑的一天后请求我的支持时，我会在内心考虑："我有足够的情感空间吗？我现在是否有足够的资源来承受他们的情感？"如果答案是否定的，我就说"不"。但如果答案是肯定的，我就会说"好"——当他们与我分享他们的焦虑时，我充满了同情。我很感激他们跟我诉说他们的担心，他们的脆弱拉近了我们的关系。通过量力而行的付出，我可以体现出真正的善良、同情和慷慨。我知道，如果我没有首先体验到给予自己的快乐，就不可能有这种给予他人的快乐。

给予自己的快乐

长期以来，我们总是把关怀和关注留给别人，而现在终于能给予自己这些，这是非常治愈的。我不知道对每个摆脱讨好行为模式的人来说它是什么样的，但以下是我对它的认识。

比以往任何时候都多，我的时间都是我自己的。我仍然要工作、付账单，但我的空闲时间不再被我内疚答应的不必要的承诺所占据。当我有精力的时候，我会答应朋友的邀请，参加派对、音乐会和聚餐；当我没有精力的时候，我会惬意地喝喝茶，读一本好书。

我现在明白——发自内心地——我的需求是最重要的，它们不是奢侈品。我预约医生，定期去杂货店；我跑步、冥想，享受社交媒体带来的必要休息。我开始接受自己既敏感又内向的事实，多年来我一直认为自己"太敏感"，现在我不再与我需要安静、静谧或独处时间的需求作对。

对我来说，优先考虑我的愿望和快乐并不容易，但我一直在改进。去年，我终于给自己买了一个键盘——这是我自18岁离开家和家里的钢琴后一直想要的东西。最近，我听从了自己对更多玩耍的渴望，自发报名参加了一个即兴表演课程。它已成为我生活中巨大的快乐和轻松的源泉。

就像许多正在摆脱讨好行为模式的人一样，随着我找到了自己的声音，我也不再适合某些关系。我在压抑自己时建立的许多联系，最终都与真实的我格格不入。摆脱这些关系很难——有时悲伤会持续几个月，我不知道自己是否能走出低谷——但在这些经历之后，我优先考虑与那些接受我、爱我本来面目的人建立联系。

现在，在我的人际关系中，我会让别人知道我的需求。我要求我的家人给予支持；我要求我的朋友给予回报；我要求我的伴侣这样抚摸我，而不是那样。过去，我需要几周的时间才能找到勇气提出这些要求（有一半的时候，我根本找不到！）。现在，表达我的需求已经成为我的第二天性。这并不总是让我感到舒服——我偶尔还是会感到内疚和恐惧——但进行一次艰难的对话总比让未说出口的怨恨发酵要好得多。

这样做的结果就是，在我的人际关系中流淌着真诚和真正的亲密感。当别人伤害了我的感情时，我很乐意让他们知道，我相信他们也会这样做。有时，关于伤害的艰难对话会导致尴尬。这种尴尬有时会持续一个小时，有时会持续六个月。通过这些经历，我了解到有价值的人际关系不仅能经受住艰难、坦诚的对话，还能从中成长，变得更加坚韧。

同样，我也在爱情中体会到了真正亲密的快乐。以前，我确信只有压抑自己，才能找到爱情：不那么情绪化，不那么有主见，不那么像我。结果，我一直在感情中受苦，在别人的故事里，我只是一个沉默而又宠溺他人的配角。当我从一开始就表明自己的真实感受和需求时，我吓跑了一些人，但也吸引了另一些人。最终，我找到了一个伴侣。让我每天都感到惊喜的是，他想要更多的我，而不是更少；他富有同情心地为我强烈的情感留出空间；他自由地付出爱，只因为他想这么做。他对我的接纳教会了我更好地接纳自己。

至于我的家人，我知道，如果他们明天就从地球上消失，我们之间也不会有什么是未说的。我说出了过去的不满，并设定了新的界限，这些界限得到了比我所期望的更多的同情（我知道，不是每个人都能享受到这种家庭治疗的特权；我不会把它视为理所当然的礼物）。年轻时的我无法想象我们今天所分享的舒适和坦诚。

　　我在人际关系中的这些改变是深刻的，深深地治愈了我——然而，它们都比不上我在与自己的关系上所看到的变化。打破讨好行为模式，让我发现了前所未有的主体能动性、自我信任和自尊。

　　多年来，我一直觉得自己是他人请求和行为的受害者，现在我终于认识到，我可以选择给予什么和容忍什么。这并不意味着选择总是令人舒服的——事实上，它常常让人痛苦——但它确实意味着我是有选择的。我可以说"不"，我可以设定界限，我可以让自己远离那些不能满足我需求的环境。以前，我认为力量就是让别人改变，或者让别人优先考虑我。现在，我明白了，为自己负责，拥有自己的主体能动性，才是我获得力量的真正途径。

　　由于行使了我的主体能动性，我终于坚定地确信，即使在最艰难的日子里，我也会支持自己。我优先考虑的每一个需求，我提出的每一个请求，我设定的每一个界限，以及我抚慰的每一次成长的伤痛，都在向我表明，我不会把自己抛在身后："我哪儿也不去。"即使面对他人的评判，我也相信自己能够坚持自我。别人怎么看我很重要，但我对自己怎么看更重要。

　　由于建立了这种自我信任，我发现——在多年的希望之后——我尊重我是谁。这并不意味着我从不会感到焦虑、自我评判或自我批评——我会，我不知道有谁不这样——但总的来说，我的行为与我的话语一致，我的话语与我的价值观一致。我内在的自我与外在的自我是一致的，在多年被困在讨好他人的面具下之后，这是我做梦都不敢想的一种正直。

打破讨好行为模式并不容易，但每一次克服困难都是值得的——因为打破讨好行为模式之后，就可以迎来我们一直等待的声音、喜悦和力量。

致 谢

感谢我的经纪人梅格·汤普森（Meg Thompson），你是这个项目的第一个支持者。我将永远感谢你的辛勤工作，为《你无需讨好所有人》找到了归宿，感谢你的鼓励，让我度过了艰难的时刻。感谢我的编辑埃蒙·多兰（Eamon Dolan），感谢你用敏锐、独到的眼光看待这个项目。你的编辑使我的手稿变得如此清晰有力；你对英语语言的精通让我敬佩不已！我还要感谢桑迪·霍奇曼（Sandy Hodgman），感谢你为我管理国外版权，帮我将这本书带给海外读者。我还要感谢西蒙与舒斯特公司（Simon & Schuster）的团队，感谢他们为《你无需讨好所有人》一书问世所做的校对、营销、推广以及其他工作。我无法想象这本书有比这更好的归宿了。致我最早的读者——卡莉、安迪（Andi）、格里（Gerry）和乔——感谢你们多年前帮助我完善初稿！

致凯蒂（Katie）、卡莉、安迪、莎拉和格蕾丝（Grace）：感谢你们教会我建立有韧性的友谊。通过你们，我懂得了最伟大的友谊可以经受住艰难的对话，并变得比以前更强大、更美好。感谢你们在这个项目中为我呐喊加油，并多次在深夜鼓励我。

致我的父母，麦琪和埃德（Ed）：感谢你们在我学习发声的过程中向我展示了爱、优雅和接纳，即使我说的一些事情很难听。你们以身作则，无条件地爱着我，我只希望有一天我为人母也能体现这种爱。感谢你们一直信任我、鼓励我，让我开心。我爱你们。

最后，感谢亚伦，你教会了我不需要压抑自我也值得被爱。在我完成这个项目时，你无尽的支持让我得以继续下去。你对我的全然接纳，包括我的需求、强烈的情感和一切，是我一生中最珍贵的礼物。感谢你教会我如何去爱和被爱。